THE TRUTH ABOUT DOGS

犬の科学

ほんとうの性格・行動・歴史を知る

スティーブン・ブディアンスキー 著
渡植貞一郎 訳

築地書館

犬が見ている色の世界を再現してみました。

正常な色覚の人間が見る風景（左）は、犬には右のように見えます。
ちなみに、犬には左右の写真は同じように見えるので区別がつきません。
下は人間と犬のそれぞれの色覚スペクトルです。

犬の科学

もくじ

1章 人は、なぜ犬をかわいがるのか？

犬たちは忠実で信義に厚く、献身的で、愛らしい、勇敢で気高い生き物だと信じられている。なぜ、人間は犬をそう信じているのだろうか？

このことは、人間のどんな性質に由来するのだろうか？　もし答えがわかった広告代理店やコンサルタントがいたら、その秘密を高く売って、カリブ海の小島でも買って優雅に暮らすことができるだろう。

人が犬に飼われている？

犬は、財布を盗んでおいて、盗まれた持ち主をもニコニコさせておく、そんな詐欺師のようだ。夏にはエアコンの吹き出し口に陣取り、冬には暖炉の前で寝そべり、数え切れないほどのいろいろな家財を台なしにする。

いつ寝たらいいか、いつ起きればいいか、どこでどのくらい夏休みをとるか、パーティーに誰を呼ぶべきか、はたまた、リビングルームをどんなふうに飾ったらいいのかを決めるのは彼ら、犬たち。彼らはパンまで盗む（私が飼っていたコリー犬は、トーストが大好物）。

私も自分の犬はサンタクロースのように寛大でしかも忠実だと、確信していた。

その後、何年も犬と付き合ったあげく、自分では、犬に対して、もう昔のようにおひとよしではなくなったつもりだった。ところが、毎晩、35キロもあるコリー犬を抱いて階段を上って寝室に連れて行き、朝になるとまた抱いて降ろすということもしていた。自分でも、それが当然だと思うようになっていた……。

最近の獣医学の専門誌をめくってみると、**犬が完全にその家の主人の地位を奪い、飼い主を脅して従わせ、命令を下すようになってしまった**というレポートが目につく。

18カ月齢のアイリッシュ・セッターが、子供のいない若い夫婦に飼われている。夫はたびたび犬に脅され、数回は咬まれた。夫が部屋に入ると、この犬はいつも唸る。妻と犬が一緒にいる部屋に夫が入ってくると、必ず唸って脅す。犬は夫と散歩に行きたがるくせに、台所で食事をするときは、妻しか同席を許さない。妻がベッドルームにいるとき、入ってくる男が誰であろうと犬は攻撃する。

お気に入りの場所で寝そべっている犬のまわりを、そっと歩かされる飼い主、犬の食器を動かしたり、首輪に鎖をつけたりするたびに怖い目にあう飼い主、飼い主が先にドアを通るのを許さない犬、飼い主を脅して好きなときに愛撫させたり、散歩に連れ出させたり、食事を用意させたりする犬。これらは動物病院からのありふれた症例報告である。

これは特別新しい事ではない。

Cave canemというラテン語は、二千年前にローマ人がモザイクの床に好んで刻んだもので、「犬に注意」という意味。「咬まれないように！」というのではなく、「犬は自ら立ったり、よけたりしないので、その犬の上を通らないでください！」という意味だと、私は考えている。

飼い主を効果的に操縦する術を身につけた犬の例と並んで、よく獣医学の専門誌で見かけるのが、**自己中心的で強迫的な行動をする犬の症例**だ。

人間だったら直ちに施設に収容されるか、同居人に正当防衛で殺されるだろう。犬の場合、これらの異常行動が、長い年月、放置される。見えない獲物を追いかける、ぐるぐる走り回る、排泄物を食べてしまう、絶え間なく吠えるなどの行動である。ある5歳のシェットランド・シープドッグは、吠えかかる対象が二年の間に次第に増え続けた。

それらは、

大きなトラック　やかんや鍋の立てる音　ヘアドライヤーの音　人が素早く歩くこと　犬の水のみに水を満たすこと　トイレの水を流すこと　主人のする歯磨き　皿洗い機のドアを開ける　誰かのくしゃみ　風で飛ぶ木の葉……などである。

靴、本、新聞、ベッド・シート、お金、洗濯物、敷物、テーブル、戸棚、木製の飾り、ドア、階段、窓のカーテンなどを**かじる犬の報告**は、専門誌にたびたびのっている。これだけでなく、人が苦労して作り上げたものをかじられたときは実にショックだ。

犬たちは、人間のミュンヒハウゼン症候群患者に匹敵する巧みさで、**仮病を使う**。飼い主の注意を引き、愛撫してもらい、特別なエサが得られるとわかると、犬たちは、どこも悪くないのに、とても見ていられないほど苦しそうな病状を示す。これまでに報告された犬たちの仮病は、咳、おびただしい鼻水、拒食、下痢、嘔吐、聴力障害、筋肉硬直、麻痺などである。犬たちは巧みな狙撃手であり、われわれ人間は愚かな標的だ。

こんなふうに書くと、愛犬家たちは腹を立てて、抗議の手紙を書くかもしれない。だから大急ぎで付け加える。「ジョークです、――ほとんどは」と。

犬が与えてくれる多くのこと

私は犬を愛している。それ以上に私は、犬たちに魅了されており、人間と犬の関係に心を奪われている。犬はきわめて美しく、ことのほか興味深い動物だ。動物行動学のしろうと研究者の一人としても、そうでなかったとしても、私は、犬と一緒に暮らすことの報酬はその費用をはるかに上回ると信じる。ところで、その報酬と費用の計算が、生物学的知識に正確に対応しているのでないことは、動物行動学のしろうと研究者として、強く自覚している。

また私は、犬はどこから来て、いかにして人間の家庭にたどりついたのか、そしてなぜ彼らはあのように振る舞うのかという、**犬についてのこれまでの通俗的な解説は、全部でないにしてもその大多数は正しくない**と強く感じている。

人の血圧を下げたり、老人ホームの住人たちを慰めたりする、**犬のコンパニオンシップ**の医学的効果を主張する、科学的なあるいはそれほど科学的ではない論文が、最近、巷にあふれている。

私は、犬たちが与えてくれる真の喜びや楽しさを否定するつもりはさらさらない。しかし、その喜び、楽しさ、血圧を下げる作用などは、犬の進化の過程では重要な役割を果たしていない。

「ヒューマン・コンパニオン・アニマル・ボンド」（二つの動物種、つまり人間と犬をくっつけているのは、生物学的接着剤だという考え）は、進化論的な根拠を持つ、と大げさに宣伝されている。「ヒューマン・コンパニオン・アニマル・ボンド」に関する書物の著者たちは、犬が人類に実質的な利益を与えた、つまり、**人類の生存に役立った**、と主張する。だが、もし利益という点で考えるなら、それにかかった経費を差し引かねばなるまい。仮に犬のもたらす生物学的利益を客観的に合計し、犬のために支払った生物学的な費用と対照させてみれば、とてもつりあわないことがわかる。容赦ない進化の力に、感傷、まして懐古趣味が入る余地はない。

数万年も前、村さえもない、畑や文字が現れる前、人々が質素ながらも贅沢を始めるさらにその前、人々がまだストレスを受けなかった頃、ヒトが何とか人間らしくなった時代、犬たちは人間社会に貼りついて生活し、そして増えていった。つまり、犬たちはほかの動物世界とほとんど無関係に、目覚ましい進化的成功を遂げたのだ。彼らは、われわれの家庭に入り込む、並外れた能力によって、そして、犬たちを人間と同じように振る舞わせたがる、われわれ人間の抑えようのない擬人心理に依存して、成功した。

今日、アフリカとアジアの大部分の地域で、何千万という犬たちが、町や村を自由にうろついている。彼らは、たいてい疎んじられ、避けられ、危険だと思われ、病気を運ぶと恐れられ、時には食用にされている。それでも彼らは増え続けている。

無理にその気になり、計算ずくで考えれば、これらの野良犬を嫌悪したり、迫害したりできる人もいるだろう。あるいは、大多数の人は、**犬を、ネズミ、シラミ、ハトと同類だと強いて思い込むこと**もできるだろう。それでもなおかつ、真正面から**犬と向き合うと、その体にひどい傷を負わせようという気持ちは、跡形もなく消えうせてしまう**。犬たちは進化過程で身につけた感覚で、このことに気づく。彼らは頭を垂れ、鼻を鳴らし、心のこもった瞳で私たちを見つめる。そして人々は言うのだ。「まあいいや」そして、犬にぶつけようとしていた石を捨てて、立ち去るのである。

犬の野生の祖先といわれる狼は、事実上、絶滅してしまった。今日世界に残っている狼は十万頭以下。世界中の犬の頭数は楽にその千倍を超えている。

犬が人間に貢献するという神話や物語とは裏腹に、実は、人間社会で生きている犬のほんの一部しか人間には役立ってはいない。

このことを具体的に調べた人はいないが、犬が人間の役に立つという言い分でもっとも広く認められているのは、**番犬としての役割**である。それでさえ疑ってみるべき根拠がある。泥棒をうまく撃退したというありふれた話についても、多くの犬は、動くものなら意味もなく吠え続けるのであって、犯罪が進行している最中でも、幸せそうに眠っている場合があるのかもしれない。

洞穴に住んでいた古代人が、野生狼の子を連れてきて、番兵や狩りの仲間にしたというたぐいの物語もある。しかし、考古学や行動学の最近の知見によれば、数千年前、圧倒的多数の**犬は生物学的たかり屋であった**ことが知られている。近代の少数の犬が示す、際立って有益な振る舞い、例えば視障害者などの障害者を助けたり、家畜を管理したり、ハンティングやドッグレースなどで活躍したりするのは、歴史の最後の最後に出現したこと。多くのたかり屋が、結果的に、堅気の市民になりおおせたのだ。

人間に寄生する生き物?

われわれが陥っているような犬への溺愛症状がない生物学者がいれば、ためらいなく、犬を社会的寄生生物と分類するだろう。社会的寄生生物というのは、カッコーに代表される、**悪だくみ寄生動物**のことである。

カッコーは自分たちの卵を、別の種の「おひとよし」野鳥の巣に産みつける。だまされた哀れな親鳥は、エサを求めて泣き叫ぶ大きな口に、自分自身のヒナを犠牲にしてでも、捕ってきたイモ虫を与える。親鳥が背を向けたすきに、カッコーのヒナは、里親が血肉を分けた実子を巣の外へ押し出してしまう。

犬たちを寄生動物とするのは、いささか過激ではあるが、それ以外に言いようがない。犬たちは、思うままにわれわれ人間を操り、われわれはアホ面をしてそれに従う。もしわれわれが感情に流されないで、進化論的な視点を持つことができれば、犬は人類に巨大な生物学的負担を強いていることがわかるだろう。エサ代と資本や労働の形で費やされた莫大な費用、病気の蔓延、深刻な傷害などの経済的負担を計算してみよう。

人間社会に寄生する犬のやり方は、カッコーの完璧さには達していない。つまり彼らは人間の子供を追い出したりしない。少なくとも今のところ、多くの家では飼い主を追い出すことはない。

しかし、アメリカの犬たちは、治療が必要なくらい深刻な、人への**咬みつき事故**を年間に百万件以上起こしており、その被害の多くは子供だ。殺人事件は一年に十二件。その犠牲者の大部分も子供である。保険会社は、犬による傷害事件で、一年に二億五千万ドルを支払っており、傷害保険費用の総額は十億ドルを超すだろう。

十億ドルといっても、「人類の最高の友」犬が、アメリカ人から受け取っているすべての費用と比べればはした金だ。ほとんどの犬の体重は人間よりも軽いが（しかし、特に大都市では、犬の大型化傾向が進んでいる）、**体重当たりでは人間の二倍の食料**を消費する。合計するとアメリカ在住の五千五百万頭の犬は、大ロサンゼルス市のメトロポリタン・エリアに住む人と同じ量の食料を消費し、その費用は年間五〇億ドルを超える。さらに獣医にかかるための費用が一年に七〇億ドル。**犬の健康維持市場**は、一つにはハイテクノロジーと獣医診療の多様化、二つ目には飼い主の際限のない愚かさという二つの土台のおかげで、急速に拡大している。ニューヨークタイムズの記事によると、三〇分で七五ドルの獣医鍼灸治療に、長蛇の列ができているという。グリニッチビレッジに住む若い夫婦は、12歳のシーズー犬の関節外科治療リハビリとして、三千五百ドルの水浴セラピーを行ったという。犬の行動矯正治療は、がんの摘出手術、化学療法、CTスキャンそれに眼科治療などと並んでブームになっている。

アメリカの街路、公園、庭園では、**年間二百万トンに達する犬の糞**が回収される。その費用を計算した人は誰もいないが、かなりの額に違いない。二百万トンという量は想像しにくいが、アメリカのアルミニウム年間生産量が三百万トン、綿が四百万トンである。アメリカでは毎年四十億ガロンの犬の尿が放出されるが、その量はフランス、イタリア、スペイン、アメリカで生産されるすべてのワインの量に匹敵する！

犬とその莫大な量の排泄物は、人に伝染する六五種を超す感染症病原体の保菌者あるいは運び屋でもある。いくつかの名前をあげると、狂犬病、結核、ロッキーマウンテン斑点熱、ヒストプラズマ症など。犬は人間だけでなく、野生動物にも健康被害を及ぼす。かろうじて残存していたアメリカの狼を絶滅に追い込んだのは、イヌ・パルボウイルス症で、その源は飼い犬だとされている。

さてここまで書いてきて、何かおかしい、心中おだやかでない気がする。そもそも、**犬という言葉はどの言語でもおしなべて侮辱的に使われている**。ラテン語の辞書でカニスcanis（犬）を引くと、古代ローマ人が、たかり屋を指すのに使っていたのがわかるだろう。ヘブライ語の聖書では、本来の犬よりもむしろ頻繁に、見下した比喩として使われている。古代ヘブライ語のケレフ（犬）は、寺院の男娼とインチキ預言者を表現する特殊な言葉であった。フロイトによると、人間のもっとも信頼すべき友人に対して、人々がそんな扱いをする理由は、犬たちが実際にひどくにおう場所に鼻を突っ込むので、辟易するからだということになる。もちろん、フロイトは何でもかでもセックスと排泄に結び付けて考えたが、往々にして、侮辱は単なる侮辱にすぎない。

愛すべき犬の性質を知ろう

私は犬を愛している。冷酷な客観的な観察者としてここまで述べてきたのだが、本当は、心から犬たちを愛している。この愛情は、あるがままの犬の姿に接して、正直に心から感じる気持ちだ。犬に対し、侮蔑的な感情、抑圧された潜在意識、フロイト的嫌悪感などは、決して生じないだろう。

この分野こそ、科学が大いに役立つに違いない。そう、犬は悪だくみをする寄生者である。しかし彼らは同時に、美しく魅惑的である。いや、それ以上だ。犬たちは、美しく魅惑的で、野性的な、一風変わった一連の世界を見せてくれる窓。そこに映しだされる世界は、動物の心と感覚、きわめて身近でしかも異質な認知、知覚、情動が渦巻いている世界。根源的で基本的な力と衝動の世界。地球の生き物すべてのストーリーを貫く進化の原動力を示す世界。はるか昔からの人類の経験の世界。ツンドラの上の焚き火と狩人の世界。ローマ人の軍隊と戦争、そして民族大移動の世界。顕微鏡的な世界。そして、われわれすべての性質を見事に暗号化した分子の世界などである。

科学に対して、冷めた見方をする傾向が強まっている。科学は、詩を方程式に、愛をホルモン分子に、夕日を光屈折現象にと、無味乾燥に単純化してしまうというのだ。それに、科学が犬について語れるなどと思ってもみない人がいることも、私はよく知っている。しかし私は、科学がものごとから神秘性を奪ってしまうなどと考えてはいない。科学は往々にして、大切に伝えられてきた神話を壊すことがあるが、その代わりに何か重要なものを与えてくれると、私は信じている。私が犬の瞳を覗き込むとき、現代のほかの場面では決して触れることのできない世界を見出す。それは、「無条件の愛」について、百万言を費やしても得られないものなのだ。

犬の科学が進めば、犬にもよいことがある。フワフワした手触りの毛の生えた小さな人間として扱われ、優しくされることや、愛情を受け入れることが仕事で、手作りのケーキを食べさせられ、誕生日には小さな帽子をかぶせられる犬たちが幸せだとは言えない。そんな犬たちは必ず、飼い主の不条理な要求に悩まされている。**犬を人間と思い込んでいる飼い主のせいで、被害妄想に陥っている犬は多い**。堅苦しく、無感動な科学的立場は、犬の知性、理解力、行動の特性を否定するものだと思い込んでいる飼い主に、考えを改めてもらったほうが、そういう犬たちにとっても幸せである。

敷物の上に粗相《そそう》をした犬に罪悪感があると思い込んでいる飼い主。自分自身の恐怖感から犬をいたわり、慰め、安心させる飼い主。自分を敬うよう死に物狂いで犬に要求する飼い主。このような飼い主に対して、犬はしばしば適応できず、惨めなことになる。粗相をしてしまった犬を、たとえ数秒後であっても、罰するのは意味がない。なぜなら犬は、その状況では罰と粗相を関連づけられないからである。犬は、目の前で展開される出来事の間の関連性を必死で考える。そして、飼い主が家に戻って敷物の粗相に気づくたびに罰せられる犬は、飼い主の帰宅を恐れるようになる。雷鳴におびえて震えている犬を撫でて優しい言葉をかけていると、犬は震えれば撫でてもらえることを素早く学び、しょっちゅう震えるようになる。飼い主が溺愛すると、犬は威張り散らすお山の大将になる。このような特性は、狼の社会構造に由来する。もっと悪い場合もある。飼い主の溺愛ぶりが完成の域に達すると、犬は神経症的な依存症になり、少しでも飼い主が犬から離れるとヒステリックになる。

犬の理解力、犬の動機、犬の知覚、犬の本能によって、あるがままに犬を眺めることは、彼らの真

の性質、能力を認めることである。逆に、われわれの自己中心的で貧しい想像力によって、われわれと同じ存在と見なすのは、そうあってほしいものの幻影を求めているということだ。人間と犬との、ほかに類を見ない特別な関係については、多くの誤解、敵意、不必要な論争があるが、何が犬の特質をつくったかを理解すれば、それを避けることができる。

われわれ人間と犬のきわめて奇妙な関係は、進化の長大なストーリーのほんの一節で始まった。その話こそ、おとぎ話を奪った代償として、科学がわれわれに提供する慰謝料の一部なのだ。ことによったら、犬が完全に絶滅するのに十分な生物学的理由があったかもしれない。にもかかわらず、犬は生き残り、増殖し、われわれの仲間として繁栄してきた。これは、驚くべき進化論的な賢明さである。それはまた、人間を驚くほどはっきりと映し出す話でもある。人間は犬と仲間になって初めて、自分がわかることもある。私はそのことに感謝している。犬たち(あるいは本当は、犬たちの進化と言うべきだろう)は、われわれの鎧のほころびを見つけてくれたのだ。

小さくてかわいいものを守りたくなる本能とは?

寄生動物は、宿主を真正面から攻撃しない。なぜなら、ほとんどすべての生物は、自分を防御する機能を持っているからだ。寄生動物は進化論的に狡猾になり、宿主の弱点または特徴を利用する。もっとも成功したものは、まさにトロイの木馬のようだ。特に、いかなる条件においても、宿主が生存するのに不可欠な特性を利用する。われわれ人間は、計略を練り、他人の策略を見抜く疑い深さと打算にたけている。犬は、人間のこの強力な防御能力をかいくぐり、驚くべき巧妙さで弱点を突いてくる。卵の形をした石をガチョウに与えると、ガチョウはその上に座り、注意深く、日に何度もひっくり返し、いつまでも守り続ける。妊娠した哺乳類に、はく製の子を与えると、その動物の子とほんの少し形が似ているだけで、雌は本当の子のように気持ちを込めて保育する。人間に子犬を与えると、愚かしく見えるくらい似たようなことが起こる。

このような現象を動物行動学者は「生得的解発機構」と呼ぶ。動物行動学者のこの見解は、今日では語られることが少なくなった。彼らはある点に気づいた。ある種の行動は、体の中から突き動かされて現れるものであり、はっきりとした目標があって、心の奥底に組み込まれているに違いないということである。ヘビを見ると飛び上がる。猫にネズミを見せると攻撃する。**われわれ人間は、大きな目をした、丸い頭の、小さなたよりなげなものを見せられると、それを傷つけることに対して、生得的な（生まれつきの）抑制が働く**。ヒトも含めて、多くの動物種がきわめて強い捕食本能およびなわばり本能を持っている。その世界で生きている以上、自分の種の幼い個体を守ろうとする、きわめて強い衝動が存在することは、進化論的に見れば当然である。

もちろん人間の親心は、はるかに複雑だ。人間もそのほかの動物も、かなりの程度、学習と環境要因に影響される。しかし、われわれ人間は小さくてかわいいもの、特に頼りなげな小さく愛らしい対象に対して、誰にも何も教えられなくとも、合理的ではない生得的で揺るがない愛着を感ずる。その事実を否定するのは困難だ。犬は、このことを際限なく利用する。こうして、彼らは、われわれ人間を手玉にとる。

動物種が、自分の生存する環境を活用するためにそれに適応し、巧妙な手段を開発したことを知るのは、自然を学んだ者だけが感じることのできる喜びであり、また魅惑されるところでもある。狼と犬は、きわめて加害者的な動物種である。彼らは、運動機能や捕食の仕方の側面ではなく、むしろきわめて洗練された社会的な側面で、目覚ましくまた賢明な方法で加害者ぶりを発揮する。ということは、犬も狼も、優れて協同的、協調的な動物種だということである。自然および自然淘汰の残酷さが嫌いだと思っている人は、犬の加害者性を無視したり、解釈し直したりして、協調性だけを賞賛する傾向がある。

　私は次のように主張する。一つのものを軽視し、他のものを称賛すべきではない。われわれは、両方のいずれをも賞賛し、興味を持ち、疑問を投げかけるべきである。**われわれ人間が犬を選んだのではない。彼らがわれわれを選び、われわれは彼らに捉えられたのだ。**

科学がようやく犬に注目し始めた

動物学者は、家畜は真の動物ではないと見なしがちだ。家畜は退化した、人の手による人工産物で、真の動物が示す野生的な行動をすっかり失っていると考える。

われわれには、よくよく知られたなじみのものには、当たり前だと思って感動しないという欠点がある。確かに、アラスカのツンドラに住む灰色グマやアフリカの草原のゾウを研究する方が、道端のニワトリや裏庭の犬を研究するよりも感動的だ。そこで科学者は、マウスやミバエの遺伝子の方を、犬の遺伝子よりはるかによく知っている。彼らは、トカゲの、そしてもちろん狼の生態の方を、犬の生態よりもはるかによく知っている。ずいぶん長い時間がかかった末、やっと科学者は、すぐ目と鼻の先にあるものに気がついたのだ。

地球の生物学的調査をするために来た火星人がいたとしよう。何十億頭もの飼い馴らされた動物が存在し、同じ動物種なのに形態がきわめて多様で、行動がまったく斬新で、**人間生活がつくった環境条件に抜け目なく適応している**という事実には、驚嘆するほかないのではないか。ある意味では、犬は退化し、生ぬるくなった狼である。しかし、ある意味では、彼らはまったく新しい動物種で、狼には思いもよらないようなことをやっている。犬は、退化したどころか、複雑で、目新しく、創造的な行動を繰り広げる。

最近になって、わが地球の科学者たちは、火星人なら何かに感づくだろうと理解した。そして、真剣に調査研究する対象として、過去には科学の分野が注意を払うことはなかった犬が登場するに至った。このことは、犬を愛するわれわれにとって幸運である。

科学は、打ち出の小槌のように、身近に感じていたことに新たにショッキングな光を当てる。そんな科学の役割に魅かれる者にとっても幸運な展開だ。

遺伝学、古生物学、生物工学、認知科学、神経解剖学などのすべてが、犬にまつわるこれまでのストーリーをつくり替えようとしている。

ここまで科学を褒め上げると、一点だけ、誤解を与えるのではないかと心配になってくる。私は、科学が万能だとは思っていない。犬を賛美する心の要素には、科学的な解明の及ばないものがあると思っている。美しさや愛を、科学的に解明しようという試みは軽薄で、滑稽だ。科学的に確認された事実に焦点を当てて、人間と犬の間で進行するすべてのものを、完全に言いつくそうとするつもりは断じてない。

私が一瞬たりとも否定しない、ある一つの真実が存在する。それは、犬を訓練し、犬と働くうえで優れた能力を発揮する人々は、科学とは直接関係のない、経験や、直感や正確な推理などの才能に恵まれているという事実である。

科学が踏み込めないたくさんの事柄がある。しかし同時に、われわれの経験だけでは到達できない場所、自己の感覚にとどまっている限り想像できないもの、個人的経験から離れて初めて知りうる自然世界の時間などに、科学はわれわれを導いてくれる。

実はそれほどよく知られてはいなかった**犬（学名 Canis familiaris 身近なイヌ科動物）**の研究によって、これが真実だと思える世界へ、これから探検にでかけるのは、まさにこの理由によるのだ。

2章　犬がペットになるまで

人間と狼は、五〇万年以上、ほとんど同じ生態環境を共有してきた。

五〇万年前というと、それはほぼ人間が登場した頃。

六〇万年前に、ヨーロッパとアジアに出現した最初の人類は、長く湾曲した頭、突き出た大きな額を持ち頤《おとがい》（したあご）がなく、脳の容積は現代人の半分だった。彼らは、火を使い、小さな石器を持っていたが、それだけ。すぐれた狩人でもないし、寝泊まりしていたと思われる場所からは、ヘラジカ、野鳥、野牛の骨の化石が見つかるが、狩猟が上手な動物の獲物をくすねたものと見られる。テントや小屋に住み、死者をとむらうようになったのは、それからさらに数十万年後のこと。

五〇万年たった頃には、原始人類には発達したあごがあった。その後、会話をし、装飾品と芸術品をつくるようになるまでに七万年。そして、陶器製造のノウハウを発見するまでに八万七千年、農耕を始めるまでに八万九千年、文字を書き、都市をつくるのに九万五千年、そして、ドッグフードを発明するのに九万九千九百年かかったというわけ。

それでは、犬と人の親密で長い長い歴史を見ていこう。

すべての動物をペットにできるわけではない

動物を飼い馴らすのは動物を奴隷にすることで、自分と異なる生命体を強引に従属させることだ、と決めつける意見は、（動物権利擁護派の人々は言うまでもなく）生物学者の中でも決して珍しくない。しかし、最近になって、多くの生物学者が、この意見の基礎になっている仮説に鋭い疑問を示している。

野生の植物や動物に何らかの遺伝的変化が起きなければ、それらを飼い馴らすことはできない。そのような遺伝的変化は、現代でも、人間が求めさえすれば容易に手に入るというものではない。ある動物を人間が飼い馴らしたいと思うことは、飼い馴らしが起きるときの必要条件でも、十分条件でもない。自然界には、意識のない動物種、例えば、アリとアブラムシとの間でも、人間と似たような飼い馴らしが存在する。その一方、過去十万年の間、人間と共存した四千種以上の哺乳類、一万種以上の鳥類の中で、人間が飼い馴らしたといえるのは、およそ一ダース程度の動物種にすぎないのだ。

古代エジプト人が石に刻んだ記録によれば、彼らは、レイヨウ、アイベックス、ガゼル、ハイエナを飼い馴らそうとしたが、失敗に終わった。これらの動物の顔つきは、いずれも、家畜候補として決して不適当ではない。一方、狼、オーロックス、ジャングルニワトリ、野ウサギ、野生馬は、家畜になった。コヨーテ、バイソン、ライチョウ、リス、シマウマは、家畜化しなかった。家畜化の成功、不成功の鍵は、人間側の事情と同じくらい、動物側がにぎっていると結論せざるを得ない。人類学者のデイビッド・リンドスによれば、多くの作物は、人が選び出したのではない。植物の種が、狩猟・採集生活者のゴミ捨て場に侵入してきたのだ、という。

人間は自分の意志で歴史をつくっているという信念、つまり「意識のパラダイム」は、簡単には揺るぎそうにない。動物家畜化の話題はそれに揺さぶりをかける。その点で、犬の話はうってつけだ。人と犬との親密な関係ができたのは、人間がまだ意識的に考えたり、何かを計画したりできる以前にさかのぼる。まだ、おたがいにろくにあいさつもしない頃のことである。

人間のところに転がり込んだ犬

確実に犬だとされているもっとも古い化石は、中東のいくつかの地点で発見され、一万四千年前と年代測定された。その犬の骨格は、あごが短く、歯列が混んでいるという特徴があり、この地域の狼とは明らかに異なる。農業と定住が始まる前で、いかなる植物、動物もまだ人間に飼い馴らされてはいなかった。農業が始まったのは、そんなに昔のことではなく、その後、一万一千五百年前までに、中東で、小麦と大麦の栽培を含む農業革命が起こった。九千五百年前には、羊と山羊の大群が飼育されていた。その後、恒久的な村落と畑ができると、それに呼応して、驚くべき速度で犬の数が増え、世界中に広がった。そして七千年前までのおよそ二千年間で、つまり生命の歴史としてはほんの一瞬の間に、中国、南アフリカ、イギリスにまで、多くの犬が拡散し、そこに骨格標本を残したのだ。イスラエルのアイン・マラーハに、間違いなく墓地の跡だとされる遺跡があり、一万二千年前のものと年代測定されている。その墓地で、かがんだ姿勢で埋葬された老人の左手は、4～5カ月齢の子犬の頭蓋骨の上に置かれていた。

「狼が犬になった」は本当か？

犬の起源についての定説は、門番をさせるため、あるいは狩りに使おうとして（女性が、かわいいと感じたという説もある）、人間が、狼の子を連れ帰ったというものである。

この話は、現代人に支配的なものの見方とみごとに合致するが、そのぴったりさに反比例する大きな欠点がある。それは、**狼は犬ではない**ということである。いくら子狼のうちから育てても、狼は危険であり、極端に気まぐれな性格を失わないのだ。

狼愛好家が主張するように、特に凶暴な個体でなければ、野生の狼が人を襲い傷害を加えることはめったにない。これは事実だ。しかし、それは主に、野生狼が人間と十分な距離をおいて生活しているためである。飼育された狼は、人間が近づくことへの警戒心を失い、その結果、かえって面倒なことになる。

野生狼と捕獲狼の行動を広く研究している、ドイツの生物学者エリック・ツィーメンによれば、人間と接触している捕獲狼は、危険で、思いも寄らない行動をとるという。幼若時から、多くの人間と接触し、完全に社会化した、アンファという1年齢の雌の狼は、ペットが家族の人にするのと同じように、尾を振り、顔をなめる。しかし、それまで愛嬌を振りまいていた人に対して、何の前触れもなく、恐るべき攻撃を加えるという前科が、少なくとも四回あった。被害者は、親しくはないが、控えめな態度の人と、たびたび出会っていて、完全に友好的な関係ができている人だった。二人の男性被害者は、ズボンの上からペニスを咬まれた!

ペットとして飼われている狼でも、狼と犬の交雑種でも、いきなり警告もなく、人間の幼児を攻撃する。幼児が走ったり、泣いたり、つまずいたりすると、捕食者としての本能が呼び起こされるのだろう。野生の捕食者は、必ず警告なしに現れる。自然環境では、腕利きの狩人は、絶対に密やかでなければならない。**社会化した狼ですら、このようにきわめて危険で、極端に衝動的な行動を示す**のだから、たとえ古代人が毛むくじゃらでこん棒を手にしていても、狼を飼い馴らして働かせることに成功したとは、とうてい考えられない。

生物学者はしばらくの間、次のように考えていた。狼が家畜化される前に、かなり長い間、人間と狼の緩やかな接触の時期があり、この間に狼の一部が人間社会に「予備的に適応」した。おそらく、人間の後をつけて、宿営地点で食べ残しをあさっているうちに（あるいは逆に、狼の食べ残しを人間があさっているうちに）、たまたま火のぬくもりの味を知り、恐怖感が薄れ、誇りを忘れて人に近づくようになった。その結果、人に近づかない狼とのダーウィン流の生存競争で、優位に立ったのであろう。

人間の骨と狼の骨が一緒に見つかるのは、四〇万年前にまでさかのぼる。その場所は、埋葬跡ではないことから、人間と狼がなわばりを共有していて、頻繁に遭遇していたことがわかる。

狼と人間は、数万年にわたり、地理的分布および生活環境が同じであった。また、最近のＤＮＡ鑑定によると、古代犬化石の考古学的年代推定・一万四千年前よりはるか以前に、**原始犬が狼から遺伝的に分岐していた**ことが確認された。原始犬の体型が化石となって残されるはるか以前に、犬は狼から分かれて犬になっていたのである。

遺伝子時計でわかった犬の祖先

この最近の研究は、**遺伝子時計**を利用した。遺伝子時計は動物の細胞中のきわめて特殊な構造に存在している。

ミトコンドリアは、細胞の中にある細胞のようなもの。細胞の発電所のようなもので、糖を燃やしてエネルギーをつくり出す。そして、その仕組みを再生産するために独自のDNAを持っている。ミトコンドリアDNA（mtDNA）の特徴は、無性生殖するということである。したがって、動物細胞中のmtDNAは、母親のmtDNAと百パーセント同一。細胞核の中のDNAは、両親のいずれかと比べると、大きな違いがあり、違いのごく一部分は、偶然の突然変異によるものであるが、その大部分は細胞核DNAの半分ずつを父親と母親から受け継いでいることに由来する。一方、子供のmtDNAが母親のmtDNAと異なる場合、その原因は突然変異以外にはありえない。突然変異は、DNA連鎖上の一つの化学分子が置き換わる現象で、ほぼ一定の時間間隔で生ずる。

生物学者のロバート・ウェインとその仲間は、犬、狼、コヨーテから集めたmtDNAの遺伝暗号を分析した。突然変異があっても機能が損なわれない特殊な暗号分子の配列を調べた。犬と狼の間では、およそ1%の割合で暗号分子が違っていた。狼とコヨーテでは、その違いは7・5%。狼とコヨーテは、化石の年代測定によって、百万年前に共通の祖先から分岐したことが、かなり確実とされている。この狼とコヨーテの差を、突然変異率に基づく年代測定のものさしに使うと、1%の差は、(1,000,000÷7・5)×1・0で、およそ135,000年となり、**狼と犬は一三万五千年前に遺伝的に分岐した**ことになる(図1)。

さらに犬とジャッカルの間では、mtDNAのある特定の領域で、最大二〇カ所の暗号分子の違いがあったのに、犬と狼では多くても十二カ所の違いだった(しかも、ある特殊な分子配列が、一部の狼と一部の犬で完全に共通だった)。ウェインの研究は、世界各地のイヌ科の動物を使っているので、地域的な偏りはなく、犬の祖先が古代狼から分岐したことについて、確定的な答えが出たと考えてよい。

チャールズ・ダーウィンやコンラート・ローレンツのような権威ある学者でさえ、狼とジャッカルが混血して犬の祖先になったに違いないと信じた。犬に多数の種類と行動が見られるのは、そのためだと考えていた。

イヌ科に属する犬、狼、コヨーテ、および四種のジャッカルは、互いに交配可能で、しかもその子孫は不妊ではないから、狼とジャッカル交配説は完全には否定できなかった。しかし、DNA鑑定の

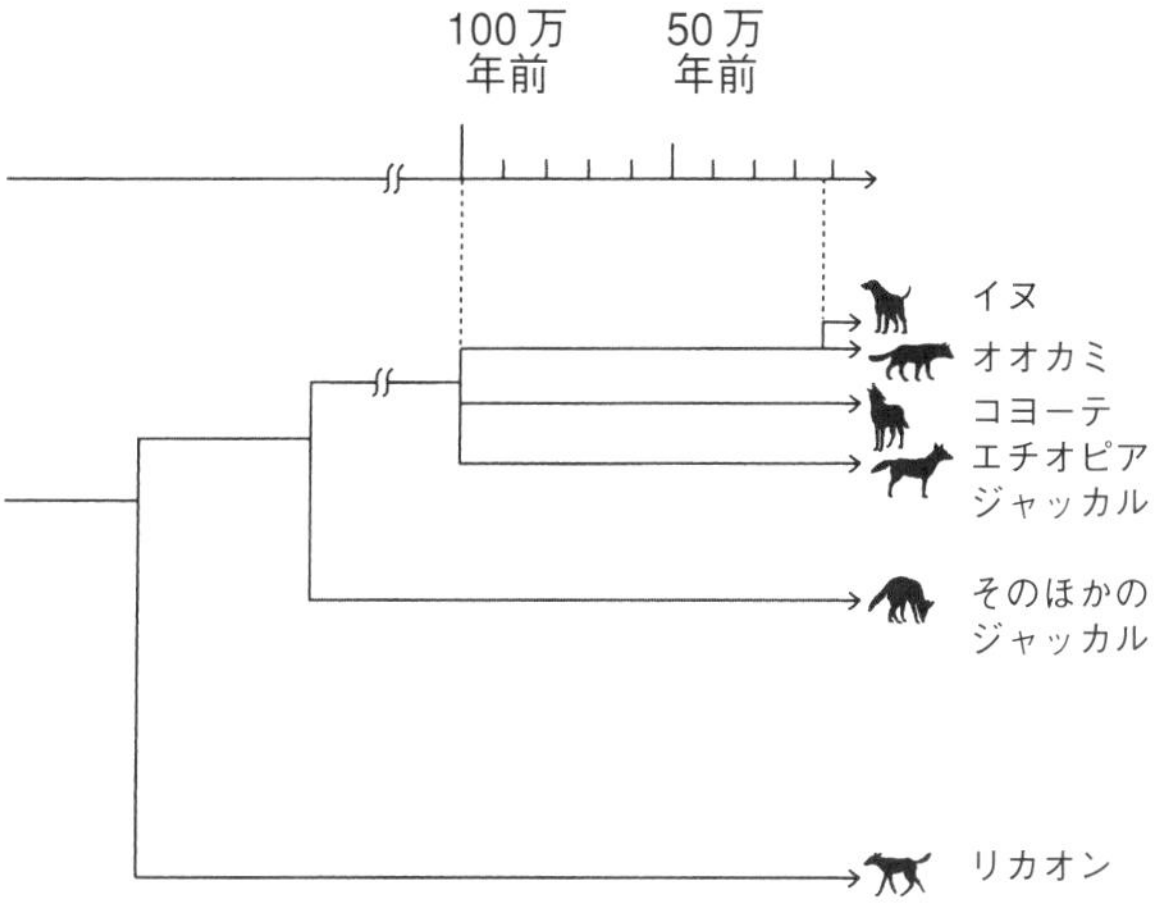

図1　イヌ科動物のミトコンドリアDNAの類似性を分析すると、犬と狼は遠い昔（10万年以前）に違う種類のDNAに分かれていたことがわかった。

結果は、かの偉大な学者たちの見解を支持しなかったのだ。

六七犬種一四〇頭の犬のｍｔＤＮＡを分析した結果、ある特定部位には二六種類の違った配列があった。それらの互いの類似性に着目すると、犬はそれぞれ単独の祖先を持つ四系統のグループに大別できることがわかった。

ほとんどの犬種を含む過半数の犬は、一つのグループに属する。そして、このグループのｍｔＤＮＡに特有のある配列は、二七地域の一六二頭の狼にはまったく存在しなかった。

ほとんどの犬種の犬には、現存する狼の祖先とははるか大昔に分岐した、独特の祖先がいたのだ。

これらのことは、狼と犬が分岐するという重大事件が一回または何回か起きたが（または、一回起きた後にたがいに交配）、その後一三万五千年間、同じような分岐は起きなかった、または極端にまれだった、ということを示唆している。

犬は、狼より人間と親しかった

犬の出現は、広く信じられている以上に古い出来事だったのだ。

その後、およそ十万年の間、原始犬には、体型的なめだった変化はなかった。しかし、野生の祖先とは遺伝的に隔離されていた。これが地理的な隔離だったことを示す証拠はない。人間と原始犬が、同一の場所に生活していたことは、ほぼ確かで、そのまわりをいつでも狼がうろついていた。ウェインは、これらの原始犬は狼から社会的に隔離されていた、と示唆している。つまり、狼と交雑できないくらい、犬は人間社会にとけ込んでいたというのだ。

古代の犬の起源についてのこの見解に反対する人は、原始人は、狼から犬を隔離しておけるほどの能力を持っていなかったと主張する。確かにそうだったかもしれない。しかし、犬と狼のそれぞれの団結本能も、交雑を防げる障壁となる。イタリアの野犬を調査した研究者によれば、ある地域の野良犬が、ゴミ捨て場などの重要な場所を占領すると、その地域の狼を寄せつけないようにするという。原始犬が狼と分かれたごく初期の段階で、なわばりの持ち方、摂食パターンなど行動にわずかな差が生じ、これがますます犬と狼の間の障壁を高くしたのだろう。

現代の遺伝学的研究によれば、犬と狼、あるいはイヌ科の野生動物種間では、生息域が重なっているにもかかわらず、交雑している証拠は見つかっていない。

さらに、ある地域に人間が進出すると、そこの狼の群れを追い出すことになり、狼の集団を不安定にし、分裂させる。また、若い狼が新たな集団を形成するのを妨害する。そのため、人間と共存する原始犬の出現は、狼を放逐する二重の災いとなるのである。

十万年以上、原始犬に、めだった体型的変化がなかったことは、その間、人間が手を加えなかった証拠だ。彼らは、人間のまわりをうろつくことを選択し、そうすることによって、自分自身の起源となった相手から、自分の意志で、自らを隔絶した。彼らは、雇われたのでもなく、奴隷でもない。あるいは、招かれた客人でもない。彼らは、パーティー会場に押しかけ、もぐりこみ、決して立ち去ることはなかったのである。

ペットではない野良犬について

レイモンド・コピンジャーは、犬の研究に生涯をささげた生物学者だ。

彼は、人間側の意図も働きかけもなしに、いかにして最初に狼が人間社会に組み込まれたのか、一つのモデルを提案している。コピンジャーは、そり犬を育成して競技に参加し、何百頭もの牧羊犬を繁殖して牧場や農場に提供し、自然条件、人工条件にかかわらず世界中の犬の生息地を歩き、犬の行動と生態を観察し続けた。そして、南米、アフリカ、アジアの農村では、今日でもかなりの数の犬が自由にうろついていて、ゴミをあさり、その生態学的環境条件にみごとに適応していることに注目した。

ゴミあさりをする嫌われ者

これら「野良犬」は、典型的には小型で、約10キログラム。彼らは、家畜を攻撃したり、殺したりしない。人間に直接脅されると、わずかに逃げるが、そうでなければ特に人間を恐れない。彼らは、村人が捨てる豊富な生ゴミと、排泄物に依存して生活している。これらの犬は、まれには人間に食物をねだり、人間も食べ物を与えることがあるが、ほとんどは犬たちが自分で集めている。犬たちは、誰にも所有されず、家にも入らず、決してペットではない。

それどころか、コピンジャーが話を聴いた村人の多くは、これらの犬たちを嫌悪していた。ザンジバルのある村では、ほとんどの人が、犬にさわるのは考えただけでぞっとすると語った。一方、ごく少数の人は、犬は歩哨、害獣退治に役立つだろうと語った。彼は、次のように記している。

「人々は、一般に犬を好かない。犬は目の前の道路に住んでいて、病気を運んでくる寄生動物だと思われている。ぬれた鼻は、感染性のしるしで触れてはいけない。犬が人間の死体を食うと思い込んでいて、強い嫌悪感を持っている。埋葬地に石を積むのは、犬を死体に近づけないためだというのが常識だった。われわれがネズミに対して感じるように、彼らは犬を見ている。つまり、どこにでもいて、病気の運び屋で、ゴミ溜めあさりで、時には泥棒をする。だから、時々頭数を減らす必要がある」

これらの野良犬が、首尾よく占領している生態系には、その一部の要素として、もちろん、人間とその居住地、そして人間の生活が含まれている。しかし、村人の側には、これら野良犬を「飼い馴らす」気がないだけでなく、まわりに置いておくつもりさえない。しかし、犬たちはそこに居座り、従順である。彼らは、まったく狼と違う。狼のような捕食行動は消え去り、拒絶的で警戒的な感性もない。村人が感じている限りでは、犬たちはまったく何の役にも立っていない。

この「野良犬」は、ほとんどの人が飼っている犬とは違うタイプに思える。しかし、この野良犬は珍しくも何ともない。実はどこでもいる。

アメリカの都市が野犬を厳しく取り締まるようになる以前、**主な都会が、数万頭のこのような自由な犬の群れを養っていたのだ**。この自由行動犬は、多くの点でコピンジャーの野良犬と区別がつかない。多くの農村、それに都市で、飼い犬と自由行動犬は共存している。

野良犬は飼い犬より危険ではない

往々にして、一つの犬集団が郊外のゴミ捨て場に陣取ると、もう一つ別の集団が市街地を占領する。そして、さらにもう一つの別の集団は、一部は自由行動犬と重なり合いながら、人々にかろうじて管理されている。管理されない自由行動犬は、さまざまな淘汰を受ける。その一部は、人間が意識的に行う淘汰だが、それはそう多くない。ゴミあさりができない犬たちは、家畜を襲う。人間はこれを許さないから、彼らの捕食行動に対して強い淘汰がかかる。逆に、農村生活では、多くの食べ残しが出てそれをゴミあさりできるので、家畜などを捕食する必要はない。そこで、家畜などを捕食するためのさまざまな行動のパターンは保持されなくなる。

人間を警戒し過ぎる犬は、農村に近づくことさえできない。人間からの攻撃を巧みにかわすことのできない犬は不利であろう。**物乞いが上手で、巧妙にすり寄り、相手の心をとらえる、たよりなげな**

犬が、圧倒的に有利なはずだ。資源は限られているので、大き過ぎる犬が生きのびるチャンスは少ない。

従順な犬が有利になるように淘汰されることは、犬による咬傷事件の最近の調査を見ればよくわかる。**所有者のいない犬は、ほぼ完全に人間の管理下にある飼い犬、ペット犬に比べて、はるかに危険性が低い**という結果が報告されている。

街頭を放浪している犬は、ほとんど人間を攻撃しないし、たとえそうなっても、重傷を負わせることはきわめてまれ。テキサス州ダラスで調査した一七五四件の犬の咬傷事件では、人間の頭、顔、首に傷を負わせたのは、ペット犬の方が、街頭の放浪犬より三倍も多かった。その理由の一部は、確かに、飼い犬の方が大きな体格で、歯も大きく、咬む力が強く、しかも人々が体を犬に近づけやすいことによる。それでもなお、調査結果によれば一方的に飼い犬の分が悪い。一九六六年から一九八〇年までにアメリカで起きた七一件の犬による殺人事件は、すべて飼い犬によるもので、一九八六年の十二件の致死事件もそうであった。

今日の野良犬の生態系で通用しているこの淘汰の法則は、数万年前にも働いていたに違いない。

なぜ、犬に魅かれたのか？

農業が始まる以前は、人々が永住する村落は存在しなかった。けれども、ヨーロッパとアジアに二十万年前から十万年前にかけて出現したネアンデルタール人は、同じ宿営地をたびたび利用し、そこにかなりのゴミを堆積させた。この時期の人類の宿営地遺跡に残された、厚いゴミの層の中から、考古学者は、小型、中型の獲物の骨を見出している。原始犬が食物をあさったゴミ溜めだ。人間の出す生ゴミは、犬の立場から見ると、人間の魅力そのものなのだ。

一方、人間の方も犬に魅かれる。普段は犬を敵視している人間でさえそうだ。コピンジャーが見たように、野良犬は人間に嫌がられ、時として食用のためや、数を減らすために殺されることさえある。それでも彼らは、人間に奇妙な親近感を感じさせる。犬たちが物をねだる。そうすると、**われわれ人間の深層心理で何かの仕組みが刺激され、犬たちのおねだりは成功する**のである。このことが、それ以外の点では犬が嫌いだという人にでも起こるのだ。脅された犬は、うずくまり、すくんでみせる。この姿を見て気をゆるめないでいるのには、かなりの冷酷さが必要だ。

ボルチモアの街頭放浪犬について、一九七三年のアラン・ベックの古典的な研究がある。犬の有害な行動（例えば、吠え続ける、ゴミの缶を転がす、公園や路上で糞をする、時には咬みつく）などに困り果てているにもかかわらず、市の中心部の貧しい地域の住人は、市の行政が派遣する捕獲人に対して、しばしば犬の側に立って抗議する。住民は、一般に、警察と白人支配層に対する不信を、犬たちに容易に重ね合わせ、バッジを持つ者に引っ張られようとする犬たちを、仲間と同じ犠牲者とみなすのであった。

生き物だけでなく、場合によっては無生物に対しても、人間は衝動的な親近感を抱くことがあるが、これはよく知られた現象だ。イギリスの動物行動学者、ジョン・S・ケネディが述べたように、われわれは、まさに「**強迫的擬人観念愛好者**」である。身のまわりのあらゆる物の中に、人間社会の信号を見出すのだ。

人間は特に、忠誠心、裏切り、貸し借り関係などの心の動きに気を配る。その過剰さは、動物、天候、火山、内燃機関、重力、そのほかの多くの物、オブジェ、そして自然の力などにも、人間のような感情があると信じ込むほど。人間は群れをなして生きる動物だが、その生存をおびやかす危険は、野獣に食われることではなく、一緒に住んでいる仲間に背後から裏切られることなので、その原因をつくりだす心の動きには注意深くならざるを得ないのである。これは否定できない事実だ。

人間が人間以外の物にも意志や動機があると思いたがるのは、人間を出現させた仕組みによるところが大きい。そのおかげで、他人の心が読める、つまり、他人の心や考えを自分が感じ取っているのだと飛躍して考える。それは、創造的な思考能力の基礎をなしているかもしれない。具体的な経験から離れた思考について考察できる能力である。しかし、本当は、それから逃れられないでいるだけなのだ。身近な物の中に、人間に似た意志を探し求めることをやめられない。犬たちは、この私たちの弱点につけこむ術をあらかじめ身につけていた。そしてさらに、ゴミあさり犬に作用した自然淘汰によって、彼らの能力は洗練されていった。

犬種の起源

純粋犬の持ち主なら誰でも、その犬種は古代から続いた、ロマンチックな血筋であることを自慢に思う。

つまり、先祖が寺院の番犬、ロシア皇帝の狩りの仲間、ローマ軍の戦闘犬、アステカ王あるいはエジプトのファラオの神聖な犬、中国の女帝の抱き犬だったかもしれないのだ。現代の愛犬家たちは、北極のそり犬は北アメリカ狼の直接的な子孫であり、一方、東洋の愛玩犬種は小型のアジア狼にまでさかのぼるまったく別の血統を相続しており、ファラオの犬は古代のジャッカルとの交雑種だと想像している。現代の犬種には、それぞれ別々の先祖に連なる系統があるというアイディアは、確かに心地よい。

しかし、これはもう、まったくの時代錯誤なのだ。

犬に種類はあるのか？——ケネル・クラブの分類

ケネル・クラブが細かく分類し、登録した**三〇〇を超す現代犬の犬種**は、過去二世紀以内の、ごく最近に登場したものだ。

一八七〇年になって初めてケネル・クラブが設立され、八〇種の犬を分類して登録した。それまでは、犬の交雑を防止するものは何もなかった。今日では想像もできないが、それが現実だった。

化石を調べると、犬の体型の変化はおよそ一万四千年前に始まったと考えられる。これは、人間が狩猟・採集社会から農業社会へと生活様式を変え、永住居住地が出現したとき、犬たちが新しい役割を果たすべく多様化した最初の兆候だろう。それまでのゴミ溜めあさり犬集団は、一部は意図的に除去され、何らかの好ましい特性または行動を示す群れが選ばれたに違いない。しかし、犬を体型または行動によって、明瞭に区別できる別々のタイプに分けることは、先史時代にはなかった。紀元前四千年〜三千年前までの間に、古代エジプトおよび西アジアの陶器や絵画に、今日われわれがグレイハウンドあるいはサルキーと呼んでいる犬によく似たタイプの犬が現れ始めた。その後、別のはっきり違った、少なくともたがいに異なるタイプの犬が、古代エジプトに現れた。

古代ローマの博物学者で、紀元前七九年に死んだ、元老院議員プライニーによれば、犬は六タイプに分けられるという。それは、villatici（番犬）、pastorales pecuarii（牧羊犬）、venatici（猟犬）、pugnaces および fellicosi（プグナシアス、軍用犬）、nares sagaces（嗅覚ハウンド）、および pedifusceleres（視覚犬）である。しかし、もっと最近、二、三百年前でも、**犬は機能別に分類されているだけで、特定の犬種は存在しなかった。**大きな犬ならマスチフ、土の中の小動物を狩るのはテリア、フォックス・ハウンド、シープドッグ、ポインターおよびレトリーバーであった。ポインターはその名の通りポイントする犬の総称で、現在のジャーマン・ショートヘアード・ポインターでも、ビスラでも、ヴァイマーランネルでもない。

ここで、ファラオや中国の女帝が犬を飼っていなかったとか、それらが特別のタイプでなかったと言うつもりはない。そうではなく、今日のサルキー種の祖先をたどると、まっすぐにファラオに達すると信じ込むのは、一九世紀になってもまだ高貴な血筋などと言い出す差別主義者のたわごとであって、犬そのものの話とは無関係なのだ。そんなことを言い出すのは、家系がシャルルマーニュ大帝にさかのぼれることを証明する、本物の紋章つきの家系図を通信販売で購入するようなものだ。

犬種の系統図をつくる

ウェインのDNA検査データによれば、**犬種の系統図はたがいにもつれ合っていて、ぐちゃぐちゃな枝分れのかたまりだ。**

どの犬種も、**ほかの犬種とまったく分離した特定の祖先がいたとはいえない。**ミトコンドリアDNA（mtDNA）の類似性による分類の最大グループには、古代犬種の代表とされるグレイハウンド、アフリカン・バセンジー、ニューギニア・シンギング・ドッグと共に、コリー、ジャーマン・シェパード、ボクサー、スプリンガー・スパニエル、アラスカン・ハスキーなど、普通の犬種が同居しているのだ。

特定の犬種内でもmtDNAの多様性が存在することは、現代犬種の系統樹が乱雑であることの証拠。ダックスフント、ノルウェジアン・エルク・ハウンド、シベリアン・ハスキー、メキシカン・ヘアレスなどの犬種の中には、その犬種が属するmtDNAの系統グループとは違う、ほかの系統グループに属する突然変異を持つ個体が存在する。要するに、犬種に固有のmtDNAは存在しない。例えば、ある特定のmtDNAが、シベリアン・ハスキー、チャウチャウ、イングリッシュ・セッター、ボーダー・テリア、アイスランド・シープドッグ、日本スピッツ、ロットワイラー、パピヨン、メキシカン・ヘアレスに存在した。それぞれは、猟犬、牧畜犬、労働犬、非猟犬、テリア、愛玩犬を代表する犬種であり、アメリカ・ケネル・クラブ（AKC）は、これらを相互に無関係な系統としている。

ｍｔＤＮＡのデータを基につくる犬種系統樹は、外見、機能の種類による系統樹とも、アメリカ・ケネル・クラブの分類による系統樹とも似ても似つかぬものである。

例外的にノルウェーのいくつかの犬種だけが、ほかの犬種とは異なる独特な祖先を持っている可能性がある。そのｍｔＤＮＡはほかの犬種のものとまったく重複せず、非常にかけ離れていた。しかし、独特の古代犬の特徴を伝えていると判定できる犬種であっても、**その祖先は、現在の雑種と同じ意味で、雑種だったと考えられる**。それには、さまざまな根拠がある。

メキシカン・ヘアレスあるいは、ショロ（Xolo）犬について、スペイン征服者による記述がある。年代測定によって、紀元前四五〇〜二五〇年に繁栄したメキシコ西部のユリマ文化よりさらに数百年さかのぼる陶器に、この犬が描かれている。スペイン人侵略者が、土着文化を破壊した後、ショロ犬は西部メキシコの山中に隠され、三〇年前まで隔離されたまま繁殖が続けられた。したがって、現在のショロ犬種を代表する犬が、他犬種との交雑種とは考えにくい。ところが、ショロ犬のｍｔＤＮＡは多様で、三つのグループに属する配列が認められる。さらに、北アメリカ原産の犬であるショロ犬のｍｔＤＮＡは、北アメリカ固有の狼のｍｔＤＮＡと近縁ではないことが判明した。狼の中では、ショロ犬のｍｔＤＮＡともっとも近縁な配列を持っていたのは、ルーマニアと西ロシアの狼だった。これは、現代犬種の祖先の系統間で、広範な交雑があった証拠である。日本の研究者も、アジアの犬種を調査し、同様の結論を示している。

独特の神秘性を漂わせるディンゴも、遺伝的には特別ではなかった。ディンゴは、オーストラリアの野生犬種である。一九世紀に、アボリジニに飼われているのを（時には狩猟の対象になっているのを）移住民が見ている。たいていは原野をかけまわっていた。ディンゴは犬と違う動物種だとか、狼と犬の間のミッシング・リンクだとかいうたぐいの当て推量は山ほどある。しかし、今日では、ディンゴがオーストラリアに到達したのは決してそれほど古代ではないことがわかっている。オーストラリア最古の犬の化石は、紀元前一千五百年のものである。そして、一万二千年前に本土から分離したタスマニアには、犬の化石はまったく発見されないから、それ以前にはオーストラリアに犬はいなかったということは確かである。ディンゴのmtDNAは、古い犬種も新しい犬種も含む、ほかの多くの犬種と共に一つの大きなグループに属している。

したがって、歴史に登場した犬も含め、ほとんどすべての犬種の起源は、古代の狼もしくは古代の犬の特定の一集団ではなかった。今日存在する犬種の特定のどれかが、古代に分岐して遺伝的に隔絶した集団となったとすると、その後の時間経過でmtDNAに生じた独特の突然変異はその犬種にだけに残ることになるので、犬種間でmtDNAに明瞭な差が存在するはずである。しかし、このような事実はない。むしろ、**犬の遺伝子プール**は、何万年もの進化の過程で、世界中でよく混ぜ合わさって、均質な大海のようなものになっている。

たがいに離れ離れの別々の地域の狼集団が、いくつかの段階で混ざり合い、遺伝子が地球の一方の端から反対の端まで漂っては、また戻ったりしてきたのだ。

中世後期の領主が、狩猟のために地域的特徴のあるハウンド、レトリーバー、ポインターの開発を始めた際も、雄犬の育種や交配などにより、広い範囲で遺伝子の混合が続けられた。一八四八年になっても、イギリスのあるブラッドハウンド愛好家は、交配に際して「犬種を維持する原則」を守る仲間がほとんどいないことを嘆いている。

増え続ける犬の種類

一九世紀の終わりに犬種協会が設立されて、事態は初めて劇的に変化した。イギリス、アメリカのケネル・クラブは、純粋種を育てて、保存するという大義名分を立て、閉鎖的な犬種登録書を設定した。ブラッドハウンドとして登録できる犬は、両親ともブラッドハウンドとして登録されていなければならない。

認知された犬種は、次第に増加した。

一八〇〇年には、イギリスのある文筆家が、一五の犬種を書き出したが、百年後には六〇犬種になり、今日世界では四〇〇犬種を数える。これらの多くは、一つの犬種を別々のタイプに分離してつくり出された。それぞれが、互いに異なる閉鎖的な遺伝子プールを持つ。スプリンガー・スパニエルがイングリッシュ・スパニエルとウェルシュ・スパニエルに、ウェルシュ・コーギーがペムブローク・

コーギーとカーディガン・ウェルシュ・コーギーに、コッカー・スパニエルがイングリッシュ・コッカー・スパニエルとアメリカン・コッカー・スパニエルに、もとは同じだったベルジアン・ハーディング・ドッグがベルジアン・テルブレン、ベルジアン・マリノアス、ベルジアン・シープドッグに、スイスのマスチフタイプの犬がバーニーズ・マウンテン・ドッグとグレーター・スイス・マウンテン・ドッグに、それぞれ分離した。

これらすべての事情の背後に、ヴィクトリア朝的な人種差別の要素が隠されているのを見過ごすことはできない。一九世紀から二〇世紀への境目に書かれた動物育種の書物や文献は、弱者を排除し、血統の純粋性を維持して犬種を活性化することを奨励するのに懸命である。雑種、駄犬、混血を誹謗し、邪悪な血を受け継いだ個体の悪しき性質がはげしく排斥されている。

しかし、これらの「純粋性」の押しつけは、現代の遺伝学の知識と真正面から対立する。高い活力を示すのは、ハイブリッド（交雑種）だ。**純血種は先天的な虚弱体質になりやすい**というのが真実。

にもかかわらず、二〇世紀の初期、優生学が一種の知的流行となり、ニセ科学の目くらましが、犯罪学から犬の繁殖まで、あらゆる分野に影響を与えた。どの犬の書物の文献にも、レオン・フラドレイ・ホイットニーという名前が必ず見つかる。彼は、『犬飼育全書』『これがコッカー・スパニエルだ』『ブラッドハウンドとその訓練法』の著者。彼はまた、犬の文献では珍しい書物、『不妊を施すケース』の著者でもある。これは、一九三四年に出版された、優生学賛歌の書。著者あてに、彼を絶賛する個人的な手紙を送ったのは、誰であろう、その道の権威であるアドルフ・ヒトラーその人であった。ホイットニーは、そのお返しに、ヒトラーが知的障害者と精神病患者の不妊を命じたことは偉大な政治的業績だと、公然と礼賛した。四〇年後に書かれた自伝の中で、ホイットニーはなお、自己の立場を擁護し、「それ以前のどの支配者も、不妊政策を実行に移す知識も勇気もなかったのだ」と説明した。しかし彼は、「ヒトラーについて最初の声明を出したときには、かの総統があれほど下劣な人間だとは気づかなかった」という、全然信用できない言い訳をしている。

私は、近代の愛犬家がファシストもどきだと言おうとしているのではない。しかし**純粋犬礼賛は、現代の遺伝子の知識から見れば、ほんの一部とはいえ、時代錯誤を引きずっている**と言える。その時代錯誤は、特定の社会思想を強く押し出すために、ダーウィンを故意にねじ曲げて解釈した立場から発したものである。とっくに科学的根拠を失い、道徳的にも問題ありだ。

近親交配について

近親交配によって、子孫は大いに均質化する。

動物権利主義者などは、近親交配は、動物世界を支配する人間の欲望、非道徳性の証拠だと主張する。彼らは、近親交配が犬の先天性疾患をつくり出す、と叫ぶ。しかし、それほど害悪というわけでもない。近親交配は、完全に合法的な科学的育種の手段である。事実、それはすべての家畜育種の繁殖プログラムで使われてきた。しかし、それはあくまで一つの手段でしかない。**望ましい形質を導入するためには、異系交配の方が重要で雑種強勢に大きな意義がある**ことは、生産家畜の科学的育種では、すでに数十年にわたり、よく知られたところである。

犬の繁殖業者たちは、古代の高貴な血統神話を、近代的犬「種」概念に結び付けたがる。「犬の血統」は古くさい言葉であるようだが、実は最近の概念である。犬の十万年におよぶ歴史を通じ、およそ九五％の期間は、犬の交配はほとんど無作為なもので、地球規模で遺伝子は混合されていた。残りの五千年のうち九八％の期間は、大まかな目的のための大まかなタイプの犬を作出するような繁殖計画が立てられはしたが、交雑と異系交配の形で遺伝子の混合が継続的に進行した。最近の一、二世紀になって初めて、純粋性を目的にして純粋なものを繁殖するという考えが定着したのである。

遺伝子の違いは小さいのに、犬種で体や行動などが大きく異なるのはなぜか？

変異の源

犬の**標識遺伝子**の研究によれば、大きくかけ離れた犬種間でも遺伝子の差異はきわめて小さい。それなのに、犬種間の体型の違いは非常に大きく、また、生まれつき犬種に備わった行動も大きく異なる。

野生動物であれ、家畜であれ、犬以外の動物では、一つの動物種内でこのような極端な個体差は出現しない。犬のサイズは、チワワ、パピヨン、ポメラニアンの2、3キログラムから、マスチフ、セント・バーナードの50キログラムまでの幅がある。被毛も、シルキー、ラフ、ワイヤリー、ストリンギー、無毛など、さまざまである。耳は、直立だったり、垂れていたりする。尾は、ロングからカーリーまで、顔のへこんだペキニーズから、顔がどこまでも長くのび続けるように見えるボルゾイまで、さまざまだ。

特に注目すべきことは、犬には、狼では絶対に見られない**形質が出現する**ことである。それは劣性遺伝子に支配される、まれにしか発現しない形質だけではない。

大多数の狼の被毛は灰色で、いくらか黒い狼もいるが、全身ほとんど白という個体はまれだ。対照的に、たいていの犬種にはぶちの被毛が認められるが、これは狼には絶対に出現しない。また、世界中の犬に見られる、イエロー、レッド、ブルー、メルル、ブリンドル、スポッツ、ダップル、そのほか**数え切れないほどの毛色の組み合わせ**は、狼にはない。

これらの変異のあるものは、DNA連鎖の一個の分子が、偶然、化学的に変化して生ずる突然変異の結果である。**突然変異**は、暗号文の一文字が文字化けしたような現象のこと。何の働きもしない無意味な遺伝子に突然変異が起きても、結果として何も起きず「ナンセンス」といわれる（**DNAコード**は、細胞の中の工場がアミノ酸を特定の配列につなげて、おのおのの独特のタンパク質をつくるときの設計図。個々のタンパク質は細胞の重要な構成要素になったり、酵素として働いたりする。また、タンパク質は特定の形になり、適正に化学分子を結合させ、化学反応を促進する。ちょうど、家具職人が部分部分の木片を正確に組み合わせて接着し、一つの家具をつくるような具合である。暗号の一部が文字化けすると、細胞内のタンパク合成機構はその暗号を読めなくなり合成が止まる）。

きわめてまれに、文字化けしても別の指令として解読されることがあり、別のたんぱく質が合成され、場合によっては新しい毛色が出現することもある。しかし、この種の変化は長い歴史の中でたまにしか現れない。

突然変異の大多数は、ナンセンスだったり、有害だったりする。有害な場合は、自然淘汰により速やかに消えてなくなる。犬の歴史の後期一万四千年間に起きた無数の体型的変化のすべてが、突然変異が累積した結果だと想定するのは無理。突然変異が生ずる確率から考えて、それには時間が足りない。

同時に、これらの多様さが、もともと狼の遺伝子プールに存在していたのに隠されていて、交配によって発現するチャンスを待っていたという理屈も通らない。では、どこから来たのか?

劇的な変異の源は、実はどの動物個体にも内在する。驚異的な変異は、受精卵が成体にまで成長する過程、個体発生の中で生ずる。生物は、一個の受精卵として出発し、完全に異なるものに成り変わる。その変化の度合いは、ゾウとマウスの違いなどが些細なものに思えるほど。

多くの動物は、生後も大きく変化する。幼若動物から成体になる成長過程での変化の大きさは動物種によって異なるが、犬ではすさまじい。2日齢の子犬は、成犬のミニアチュアではない。実際、子犬は犬には見えない。子犬のプロポーションは成犬とまったく異なっており、最初の一〇〇日間で非線形的に変化する。幼い子犬の頭蓋骨は、縦横ほぼ同じ長さである。4カ月齢に達するまでに、頭蓋骨のプロポーションは驚くべき変化を遂げ、成犬と同じ形に近づく。その後は、プロポーションは変わらずに、大きさだけが変わる。つまり、形は変わらずにサイズが大きくなる。

プロポーションが変化する成長期には、子犬の部分部分は、それぞれ勝手な方向に異なる速さで成長する。生物学者は、このことを**非比例成長**（アロメトリック・チェンジ：アロ＝「他」を意味する接頭語）と呼ぶ。プロポーションが変わらず、大きさだけが変化するのは**等成長**（イソメトリック・チェンジ：イソ＝等しい）である。動物の成長にはまだまだ多くのなぞが残されているが、成長経過を支配する遺伝子のごく小さな変化も、成体では驚くべき大きな差異を生ずることがわかってきた。

体全体の形を決めるのは比較的少数の遺伝子である。ハエでその遺伝子を変えてみると、例えば目が足の先についているといった、とんでもない奇怪な個体が出現する。

非比例性成長の速度やタイミングを決定する遺伝子が変化すると、成体型にとてつもなく大きな変化が生ずる。例えば、特定のタイミングだけ成長しないでいることがあるかもしれない。この種の不完全な成長では、理論的には、幼若期の特長を保持した成体を生み出すことが可能である。言い換えれば、子狼にそっくりな成犬ができるかもしれない。そのほかにも、非比例性変化の決定的な時機に、体のさまざまな部分で成長速度が変わると、まったく違った体型ができる可能性がある。そのような場合、祖先の体型ともその幼若期の体型とも異なる、これまでにない体型の犬が出現するかもしれない。

ある部分だけとりあげれば、犬は祖先の狼と見分けがつかない。例えば、鼻の長さと顔の全長の比率は、あらゆる成犬でほとんど均一である。実は、すべてのイヌ科の動物で等しい（したがって、よく言われるように、犬は鼻の短い狼ではない。唯一の例外は、ペキニーズのような変形した顔の犬種である。おそらく、実害のない突然変異の産物である）。

しかし、犬にはその進化過程で一度も出現しなかった、多くの新しい体型的特質が見られる。例えば、頭の幅の全体長に対する比は、さまざまである。非比例成長で、幼犬が成体に近づくとき、体長方向の成長は横幅の成長より速い。ボルゾイやコリーのような犬種では、この時期が長引くか、または、頭蓋骨全体の成長速度が加速される。小型犬種では、この期間が短縮されるか、成長速度が減速する。**この非比例成長の決定的に重要なタイミングを、ほんの少しずらすだけで成犬体型には劇的な差が生ずる。**

犬種間で大きさが極端に違うことも、成長の初期に準備される。比例的な成長がわずかに変化した結果である。ロバート・ウェインは、数百頭の犬の肢骨を検査し、犬種間のサイズの差はプロポーションの差であって、これは生後四〇日以内に現れることを発見した。この時機を過ぎると、肢骨全長に対するパーセンテージで示した一日当たりの肢骨成長率は変化しなくなり、その後は、体格がラーサ・アプソ（約7キログラム）とグレート・デーン（45キログラム）ほど違う犬種間でも同一であっ

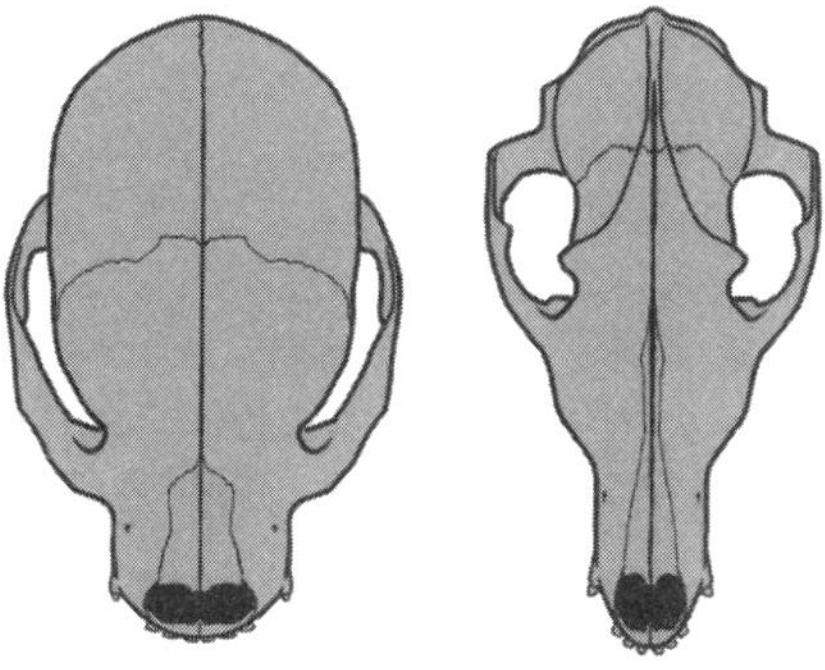

図2　幼若な子犬の頭骸骨（左）では、前後の長さと左右の長さはほとんど同じであるが、成犬（右）になるにつれて前後方向に伸長する。生後4カ月の頭の成長速度に見られるわずかな差が、頭の形の犬種間の大きな差をもたらすのだ。

た。

成長のタイミングと速度を支配する遺伝子に混乱が生ずると、あらゆる種類の、ほとんど予測しがたい新しい事態が出現する。体の各部の構造を決める遺伝子は、成長過程で微妙に、巧妙に、そして調和のとれたパターンで、作動したり、または休止したりする。また、体の構成部分の成長が全身にうまく適合するように、多くのフィードバック機構が働いている。成長過程でのタイミングを決めるマスター・スイッチがわずかに変化するだけでも、雪崩を打つような影響を及ぼし、体型の大きな変化をもたらす可能性がある。それは、成長中の体のあらゆる部分が相互に対応し合うためである。そして結果的に、全体としてまったく新しい体型が出現する。

レイ・コピンジャーは、例えば、大型犬種と小型犬種の頭蓋骨の形状的な違いは、頭蓋骨を構成する骨と骨との間の、成長期における**相互調整の違い**によって生ずると考えた。大型犬と小型犬の間で、眼球の大きさはあまり変わらない傾向がある。そうすると、小型犬では、相対的に大きな眼球を収納するために、頭蓋骨の横幅の比率が大きくならざるを得ないのだ（図2）。

犬種に差異が生まれた原因

犬種に特有な体型の大きな差異の起源が、人間の手による意図的な育種、繁殖、あるいは自然淘汰だと考える根拠はない。

実際に、特定の、極端に変わった体型をあらかじめ想定して、その意図による繁殖計画をつくるのは困難である。もし、コピンジャーの相互調整説が正しいとすれば、サイズの小さな犬を選抜しただけで、幅の広い顔を持つ、新しいタイプの犬が自動的に作出されるだろう。同じように、スポテッド・コート、シルキー・ヘアー、カーリー・テイル、フロッピー・イヤーなどの新しい形質も、幼若成長期にタイミングまたは成長速度が狂って新体型が出現したときに、副次的に現れた形質に違いない。これらのどれをとっても、**単純な、一種類の遺伝子に支配されているものはない**。そうではなく、多くの遺伝子がきわめて複雑に関与し、フィードバック機構との共同作業の産物として発現するのである。このフィードバック機構は成長過程で、部分部分の要素の幾何学的配置を最終決定する。

こうして新しい形質が一度でも発現すると、人間はあるものを珍重し、選抜し、その形質を持つ個体を残してきた。また、好まない形質を除去することもできた。しかし、世の中に一度も現れなければ、例えば、もしフロッピー・イヤーが最初から存在しなかったとしたら、選抜のしようもなかったわけだ。

成長を調節する主要な遺伝子が変化すると、往々にして、想像もできないような形質間リンケージ（遺伝的連結）が出現する。特に、胎仔の成長が阻害されるとそうなる。例えば、馬にはごくまれに劣性遺伝形質である純正の白色体毛が出現するが、たいていは胎仔期に死亡する。これは次のような仕組みによる。脳幹や脊髄がそこから分化する神経溝という組織がある。被毛色を決める細胞も、この神経溝から発生初期に分化する。被毛を白くするように遺伝子が変化すると、これが同時に、胎仔神経の正常な形成を阻害する原因にもなり、胎仔が死亡する。これは、二つのことが同時に起きてしまった結果だ。いずれも、胎仔の成長（発生）過程で起きた一つの出来事の副産物だが、この種の同時進行が起きる可能性は、胎仔が成長する過程では、いたるところに存在する。犬に新しい形質が出現した場合、例えば、初めてブロークン・カラーコート、フロッピー・イヤーなどの犬が生まれた場合、それは古典的なメンデル流遺伝学を応用して形質を選抜したことによるのではなく、**発生過程で偶然生じたリンケージの結果かもしれないのである。**

コピンジャーは、犬の育種家が、珍重する形質が出現すると「目標」にかなった結果だと主張しまくることに注目する。ローマ人も同じで、シープドッグが白いのは狼と見分けるためだし、ほかの農業用の犬が黒いのは威嚇するのによいからだと言う。

多くの犬種がその役割にふさわしい外見をしていることは、確かに否定のしようがない。しかし、**人間側が、目標を持って、適応的な犬を意識的につくろうとしたのではなく、まず犬の形質が存在し、その形質に「適応している」労働条件が与えられたというのが確からしい**（ある場合には、その理由づけさえも確かではない。ボーダー・コリー愛好家の一部は、この犬種のほとんどが黒いのは、白い犬の場合よりも、羊が恐れるからだと主張する。この理由も半信半疑ものだ）。

家畜に新しい形質が出現すると、いつでも、それは人間の意識的な選抜の結果だと見なす傾向がある。ここでも意識パラダイムが働く。これはまた、その意図の背後にある目的をでっち上げることにつながる。しかし、ある種の形質は単に存在するだけの形質にすぎない。ボーダー・コリーが黒いのは、ボーダー・コリーがただひたすら黒いだけだから、と言うこともできるのだ。

いくつかの犬種に認められる二、三の形質は、実害のなかった突然変異の産物の可能性はある（例えば、愛好家が奇妙さと珍しさのゆえに夢中になるダックスフントの短い肢や、メキシカン・ヘアレスの無毛はこの可能性が高い）。しかし、昔の祖先には絶対に存在しなかった多様な新しい形質が、犬になって突如、出現するという不思議な現象は、体全体の構造や体型ができあがる**個体発生の過程**

を支配する遺伝子群が、わずかに変化したためだと考えれば、説明できるものがほとんどなのだ。

犬の行動が本能とズレているワケ

成犬でも子供っぽく見える行動をするのはなぜ？

先祖に存在していた成長過程の一部が現在の犬では欠損していることを示す、もう一つ別の犬の特徴がある。

たいていの犬は成犬でも子供っぽく見える行動をする。犬はエサをねだり、子犬のような格好の服従姿勢を示し、必要もないのに吠えるし、大きくなっても遊び好きだ。さらに特筆すべきは、野生狼に見られる**狩猟行動のパターンを、明らかに、失っている**ことである。

コピンジャーが調査した野良犬は、たまたま野生動物を食べても、そのエサ探し行動のパターンは、狼の行動より、腐肉をあさる仲間に近い。捕食行動のパターンではなく、ほとんど採集作業である。犬たちは、捕りにくい獲物にしのび寄ったり、追跡したりするのではなく、小動物をカニのようにつかもうとする。愛玩犬が小動物の後を追う場合に見られる、あの行動だ。たいていの場合、小動物が犠牲になるのは、咬まれるからではなく、手荒く扱われるためである。場合によっては、愛玩犬も小動物にしのび寄ったり、追跡したり、飛びかかったり、咬んだり、たまには殺したりすることもある。そんな場合でも、犬は、往々にして、獲物を食いちぎって、食ってしまうという野生の行動を示さない。野生の場合は、それが最終目的なのに。

多くの犬種では、ほかの動物を食物として見ることはほとんどなく、食う意図はない。優秀な家畜用番犬は、どのように育てられても、家畜を追うなどの追跡行動をする意志を完全に欠いている。実際にこれらの犬種をペットとして育てると、ボールを追うことすら教えられない。

牧羊犬、スポーツ用の犬などの犬種にも、祖先の狩猟行動のパターンが欠如している。これらの犬種の特徴として、野生における狩猟行動の一部だけが、極端に誇張された動作をする。ボーダー・コリーの「アイ（眼つけ）」――羊を見つめて、視線を固定すること（それ以外に表現のしようがない）――は、ゆっくりしたしのび寄り行動の極端な誇張である。猟犬のポイントも同じである。レトリーバーは、獲物をくわえて持ってくるが、その途中で獲物に激しく咬みつくことは決してしない。

目的のない行動を繰り返すのは？

興味深いことは、犬種独特のこれらの行動が、その起源となった、目的に添った一連の行動パターンとはかなり違ったものになっていることである。狼が獲物を追っている途中で中断させられると、しのび寄り―追跡―飛びかかり―押さえつけ―殺戮―咬み切りという一連の行動の全部を放棄し、最初からやり直すことになる。一方、犬は好みの断片的な行動を何度でも際限なく繰り返す。**行動それ自身が報酬**なのだ。

羊飼いによれば、ボーダー・コリーが羊の群れを上手に管理したごほうびは、再び羊たちを追わせることだという。実際、ボーダー・コリーは、何もいないのに、あたかも対象が見えているかのような、独特な行動をする。水道の蛇口から水がしたたるのをじっと見つめる、何かを放り上げてそれを追う、場合によっては、相手を空想してそれを追いかける。レトリーバーも同じように、獲物を持ち帰るのがたまらない魅力になっている。そり犬は、追う対象がないのに、何時間も、いや何日間も「追跡」する。

これらの行動は、幼若犬の遊びのパターンと似ている。幼若犬の遊びは、追跡、優位劣位の表現、交尾まがいのマウンティング、脅かし、咬みつき、押さえつけ、など断片的な行動である。直接的な目的もなく、脈絡なく進行する。犬に独特な体型が出現したのと同じ仕組みが、行動の面でも作動し、目的に添った、まとまった行動パターンの形成過程が幼若期に崩壊し、選択的な誇張、切り捨てなどが起きているのである。

ある意味では、**犬は成長することのない子狼のようなものだ**。犬は、タイミングを誤ってさまざまな本能行動をするようになった、成長した子狼なのだ。ちょうど、幼若期成長の混乱と歪みによって、体の構成部分の新しい組み合わせができて、ボルゾイの長い顔のような形質が出現したように、においを追跡している間中、吠え続ける本能を持つフォックス・ハウンドのように、行動パターンにおいても新しい組み合わせができた。これは、幼若期の特性ではないし、狼に認められる性質でもない。そんな行動は、狼がひそかに獲物をうかがうのには、明らかに不都合なはず。たぶん、祖先の狼も、それらの個別の行動特性は持っているが、決してその組み合わせ、あるいはその順序で発現させることはない。しかし犬では、それら個別の行動を切り離し、変形し、新たに結合し直すことによってできあがった行動パターンが出現するのであろう。

すでに述べたように、ゴミあさり犬に対しては、最初から、狩猟行動全体が壊される方向への淘汰圧が働いていたに違いない。この圧力は、人間が定住生活を始めるとさらに強まることになったのだろう。

従順になり捕食本能が引っ込むと、幼若期成長のタイミングの変化によって、いかにも犬らしい特性を持つ原始犬が出現した。このことを示唆する、興味深い事実がある。

ロシアで、人を恐れないという、たった一つの性質だけで銀ギツネを選抜し続けたところ、およそ二〇世代までの間に、この銀ギツネの系統は、ぶちの被毛とドロッピング・イヤー（たれ耳）を持ち、犬のような吠え方や人に対してうずくまる服従姿勢を見せる集団になった。人に対する恐れがないということ以外、犬に似た形質の選抜はまったくなされなかったのであるから、この結果は、**成長を調整する遺伝子**が変化したことによると推定される。これらの特性は短期間で出現したので、変化した遺伝子の数は多かったはずはない。前に述べたように、成長を支配する遺伝子は、決定的に重要な成長のタイミングも支配する。そして、少なくとも一部は、ほかの遺伝子の活性化・不活性化のタイミングにも影響し、ゲノムの一部の変化が、大きく異なる最終結果をもたらす仕組みなのだ。二〇個の遺伝子を変化させるのではなく、二〇個の遺伝子の働きを変えるような、たった一個の遺伝子を変化させるのである。

体型的な変化、あるいは新たに出現した特定の行動を、さらに向上させることを目的に選抜し交配すれば、新しい働き方を始めた遺伝子を増強することにつながる。

一九三〇年代に、犬のあらゆる行動にそれぞれ対応する、単一の遺伝子による遺伝様式を見つけようという熱心な努力が始まった。狩猟用犬種で、発砲音に敏感すぎるか、鈍感か、あるいはショックを受けるかを決定する「神経質遺伝子（N）」が云々される始末。ブラッドハウンドが、吠えながら追跡するか、あるいは声を立てないかを決める遺伝子も想定された。現実には、遺伝様式ははるかに複雑で、多くの遺伝子が関与していることがわかったが。

犬のゲノムの遺伝子解析で指導的役割を果たしたエレイン・オスタンドラーは、ボーダー・コリーの牧羊本能と、ニューファンドランドが水を好む性質の遺伝子を固定しようとして、予備的実験を行った。この二つの犬種の交配で生まれた子犬は、二つの性質とも両犬種の中間であった。ところが、第二代雑種では、二つの行動が混在していた。牧羊行動の有無、水を好むか嫌うかについて、すべての組み合わせが認められた。統計的分析では、一ダース以上の遺伝子の関与が考えられた。

犬の行動でわかる遺伝子

今日ではもちろん、複雑で調和のとれた特定の行動が単一の遺伝子に支配されていると想定することなど、無意味だとわかっている。そうではあっても、最近の傾向は、逆に、**極端な遺伝的決定否定主義**に向かっている。遺伝子が行動に関わるという考えを激しく非難する意見に、しばしば出会う。これもまた、合理的ではない。

犬がそのことを証明する。犬種に独特の行動特性があることは、否定のしようがない。

ボーダー・コリーは牧羊犬コンテストで必ず優勝する。ほかのどんな犬種も足元にも及ばない。フォックス・ハウンドはキツネを、ビーグルはウサギを追うが、これは学習によるだけでなく、生まれつきその性向を持っているのだ。オストランダーの同僚の一人は、生まれつきの行動特性を計測する方法を考えた。例えば、ボーダー・コリーは、リモートコントロールで動く模型自動車を一二〇秒も注視しているが、ニューファンドランドは、車が自分に向かってくる時にしか注視しなかった。神経から神経へ信号を伝えるのに必要な神経伝達物質の濃度が、犬種間で違うという報告もあり、これが行動の差を生んでいるのかもしれない。脳の中のノルエピネフリンとドーパミンの濃度は、ボーダー・コリーの方が、家畜の番犬シャー・プラニネッツより高かった。これらの神経伝達物質は、全体では、脳を覚醒させる方向に働き、本能行動を活性化することが知られている。

ある犬種で、不気味な異常行動が恒常的に繰り返し発現することがある。シベリアン・ハスキーとポインターには、人間を嫌う、ひどく内気な遺伝的な気質を示す系統がある。普通の犬と同一犬舎の同一条件で飼育しても、このシャイな犬は後ろに下がっている（ポインターの場合は、硬直してしまい、人が近づくと震える）。もちろん正常な犬は、飛んできて愛撫を求める。馬車の前輪の下、馬の後肢に近いところを走る「コーチング」姿勢をするダルメシアン犬の系統を作出した育種家がいる。ミニアチュア・プードルで、お手をする系統と、しない系統があることが知られている。

人でも犬でも、訓練、環境、経験が行動に大きく影響することは否定しようがない。しかし、レイ・コピンジャーは、チェサピーク・ベイ・レトリーバーまたはボーダー・コリーを家畜の番犬に、家畜番犬用の犬種を牧羊犬に育てる試みをした。結果は完全に失敗だった。

遺伝子には、本当に、たくさんのものが詰め込まれているのだ。

3章　犬は礼儀正しい？

以前、ある評論家が、大統領選挙候補者に狼のリーダーのように振る舞うよう勧めた。そのことで、多くの市民が、狼社会をモデルにした群衆心理を知ることになった。

確かに、人間社会と狼社会には、かなり似通ったいくつかのルールがある。

われわれも狼も、ある範囲のなわばりを持つ。

似たようなスタイルの脅しや、お願いのジェスチャーをする。それらに伴う音声まで似ている。

社会的ステータスを強く意識し、強引な出世主義者をうとましいと感ずる。よそ者を疑う。

われわれも、狼も、弱者を集団で襲い、不安そうな相手をいじめる。

そして、人間と狼は共に、驚くほど協同意識が強い。

しかし、狼がしても人間が絶対にしない行為があるし、反対に、狼が絶対にしない人間の振る舞いもある。

人間社会は一般に、グループ内の独身男女の性行為を禁止したりしない、なわばりを守るために放尿などしない、子供のために食物を吐き戻したりしない、あいさつするときに、たがいのにおいをかぎ合ったりはしないのだ。

では犬はどうだろう？

犬は、人と狼の世界を行ったり来たりする

犬は、祖先の狼から受け継いだ行動型を持っている。そして、それを人間社会に持ち込もうとして、成功したり、しなかったりする。古い原型の行動が現在の事情にうまく適応しないだけでなく、犬に残っている狼タイプの行動型は、すでに修正されていて、つくり直され、曲げられ、抜け落ち、長い経過の中で脇道にそれてしまったものである。犬に残っている狼由来の行動は、もはや狼社会でも通用しない。

最近の自称「犬の行動専門家」は、何かといえば当然のように、狼を引き合いに出す。犬が今やっていることは、何千年も前の野生の祖先がやっていたことだと、彼らは自信たっぷりに解説する。そんな話はもう通用しない。

もちろん、犬たちがいろいろな点で狼であり、すでに失われた世界の社会規範の一部に、今も従っていることは否定できない。ある局面では、それが機能しており、われわれはそれに魅せられる。しかし、その一方で、われわれ人間と犬たちは互いに顔を見合わせ、あきれ果てる。犬たちは、人間顔

負けに、狼には思いもよらないことをする。犬の衝動的な行動を、何でもかでも遠い過去のよみがえりとして片づければ、物事の半面だけしか見ないことになり、もっとも重要な部分を見落とす。

犬は、巧言で、如才のない陰謀家から、一瞬にして、博愛主義者、いなか者、純情な乙女、ガキ大将、無欲な善人、一切虚飾のない聖人に変身する。そんな変化を目の前にして、われわれは、呆然とし、途方にくれ、引きつけられ、そして魅了される。

犬は狼である（長所）

狼から受け継いだ多くのものが犬に役立っている。なかには役に立たないものもけっこうあるが。もっともはっきりした長所（と言ってもある程度だが）は、狼が生まれつき持っている**社会的地位についてのセンスと、序列決定システムの基礎となるコミュニケーションの方法**である。

群れの中で、鼻をつき合わせて生きていれば必ず生ずる対立を解決するには、**社会的序列**が必要だ。群れの一員になれば、単独では絶対に得られない資源にありつくことができて有利である。しかし、資源が限られていると、群れのほかのメンバーと直接対立することもある。不足する資源をめぐって仲間と競合することは、自然世界のほとんどあらゆる場面で起こる。単独で食料を確保して、自分を守れる動物種では、互いになるべく距離をおこうとする。雄または雌、もしくはつがいになった動物は、なわばりを確保し、それを懸命に守り抜き、すべての侵入者を追い払う。うまく土地を確保し維持することのできるものが、つまり、競合する同種の仲間を、できるだけ遠ざけておくことに成功したものが、元気な子を産み、結局、遺伝子を後世に残すことができるのである。これは、無情な進化の法則だ。今日飛んでいるカロライナ・ミソサザイは、競争を勝ち抜いたカロライナ・ミソサザイの子孫である。いい奴は、まず絶対に終わりを全うできない。彼らは倒れ、いい奴の遺伝子も一緒に死滅する。

確かに、群れをなす動物種ではメンバーの自己保身欲が群れを団結させる。しかし、一頭の狼が自分の遺伝子を次世代に残す決意をすれば、ほかのすべての狼との闘いが待っている。群れのすべての狼は、交尾し自分の子をつくり、その子を生きのびさせなければ、進化に参加できないという掟から逃れられない。それはほかの狼を蹴落とすことなのだ。狼の群れでは、競争相手の雄狼は山の向こうに住んでいるわけではない。そいつは二、三メートル先に寝そべっている。そもそも最初から、対立は爆発寸前の状況なのだ。**狼の群れには、互いの利害がぶつかり合うという危険がぎっしり詰め込まれている。**群れのすべての雄は、われこそ、交尾して子をつくれる唯一の存在になると、決意している。

と同時に、**狼たちには群れが必要**。ヘラジカのような大きな獲物を狩る狼は、二〇～三〇頭の群をつくる。獲物が小動物に限られる場合でも、四～七頭の小さな群で狩りをする方が、それぞれが単独で捕る獲物の総計よりも多い。さらに、群れをつくる傾向が自己促進的に加速される。群れをつくると、大きななわばりが確保できる。その群に対抗できるのは、より強大な威力を持つ群れに限られる。こうして、群れが群れを呼ぶことになる。皆が群れに入ると、あたり一帯がその群れのなわばりになり、一匹狼は、自分の獲物だと言い張れる場所がなくなる。そうなるとみじめなものである。

群れのメンバーは無私の態度で、自分の要求より群れ全体の利益を優先させる、と言われる。しかし、これは狼の行動の背後にある真の衝動と進化の力学を正確に述べてはいない。狼の群れでは、雄も雌も序列が確定している。トップの雄とトップの雌は、下位の狼が繁殖に参加するのを猛然と妨害する。この序列は往々にして長い間安定して持続する。その間、下位の個体は唯々諾々と上位に道をゆずり、闘いは起きない。下位の雄は、まるで子狼のようにアルファ狼（群れのリーダーである狼のこと）の顔をなめて機嫌をとる。アルファ狼に脅されれば、下位の狼は腹を出して寝転び、服従する。群れのすべての雄と雌は、子狼たちの世話をし、食物を吐き戻して与え、よほどのことがない限り、熱心に面倒を見る。

なぜ、下位の狼は我慢して仕事をこなすのだろうか？

ずばり言えば、それが目的を達成するための手段だからだ。

もし、皆が最高権力者の要求に黙って従わなければ、絶えず闘争が起き、群れはたちどころに崩壊する。下位の狼が、我慢と引きかえに手に入れるものが、部屋（居場所）と食事、それに他人（狼）の子の乳母ごっこだけなのだろうか。もしそうだとしたら、それは進化の掟と一致しない。すべての狼は、アルファ狼だった親の血を引いているのだ。それなのに、**服従という本能が働くのは、単に食事にありつくためではなく、繁殖に役立つ何らかの目的があるはず**だ。少なくとも進化論的には、そう考えるべきである。そうでなければ、服従本能それ自身が次世代へ引き継がれない。

進化論的には、**服従する狼は根っから平和的なのでもなく、無私無欲の保母保父でもない**。彼らは、ただじっと、時節の到来を待っているのだ。忍従とは、場数を踏んだ、大きく荒々しいメンバーの手にかかって殺されたり追い出されたりするのを避け、その相手に挑戦する好機を、じっと待つことなのだ。王を退位に追い込めるくらい強くなるまでは、こびへつらう高官を演じるのは、賢明な戦略だ。王を倒す好機が訪れぬうちに敵意を示したり反抗したりするのは、愚かなやり方なのだ。

上下関係がわかるので、人間社会に適応できた

社会的序列を受け入れるということは、日常的な闘いを避ける手段であり、いずれの狼、そして犬にもそなわった素質である。社会的序列を認めるという、生まれつき犬にそなわっている能力は、彼らが人間社会に適合するうえで、かけがえのない資質で、この本能を持たなければ、そもそも犬という動物はあり得なかった。

狼は、社会的序列を認め、受け入れる。それが、狼社会が長期に安定して存続する条件である。優位と劣位の狼は、何カ月も互いに友好的な関係を保ち、激しく争うことはない。敵意を示すこともない。服従する狼は、目上の狼の暴発的な攻撃をかわすための底知れぬ忍耐力を持ち、上位の狼の意に従い、自分自身の欲望を抑えつけている。狼が人間の仲間として変身し、アナグマが人間のペットにならなかったのは偶然ではないのだ。

しかし、その自然の妙味に満足しすぎないように、次のことを指摘しておこう。**狼社会に序列制度が存在したことが、犬を出現させたのだが、その反面、まさにその特性がわれわれ人間にとって、永続的なトラブルのもとにもなった。**狼たちも犬たちも、すべて出世主義者である。彼らは常に、目上の者の弱み、躊躇、自信喪失の徴候をうかがっている。狼社会では、下位の狼が上位にとって代わる場合、たいていは、極端に暴力的になる。優劣を争う狼の一方または両者が、深い傷を負うのは珍しいことではない。一つの争いが生ずると、それに誘われて別の挑戦試合が始まり、しばしば群れ全体に闘争が蔓延する。一頭の狼がのし上がると、確定していた社会序列が壊れる。その結果、社会は不安定になり、群れのメンバーがそれぞれ新しい地位につくまで、暴力的に、組み替え作業が続く。

社会的序列は実力行使の結果であり、観念的なものではない。必要なら力の行使をも辞さないという攻撃的意欲の遺伝的素質がどの程度なのかの、攻撃性の尺度ともいえる。序列は、脅しと威信により維持される。

社会的序列自体は、狼社会に固有の特性ではない。どのような群れでも、一対一のぶつかり合いの連鎖があれば、必然的に序列ができる。群れの中ではいつでも、多くの闘いがある。子狼でも、骨の取り合いや遊びの中で取っ組み合いをするが、このような些細な争いでも、往々にしてそのつど、異なる個体が勝者になる。その時その時の条件、例えば、どちらがより空腹だったかというようなことによっても変わる。しかし、狼研究者のエリック・ツィーメンによれば、狼の群れでできあがる序列の実態は、他人（狼）を押しのけて自由に動き回れる優先性の順位であり、その意味では、単独行動をする動物種のなわばり宣言、交尾行動、闘争と類似している。ただし、それが様式化し、小型化しているのだ。若い狼は、性成熟に達し、仲間との試合を経験して、初めて序列に加えられるのである。

アルファ狼が退位する時には、往々にして、ツィーメンの名づけた「急降下」が起きる。完全に自信喪失するように見え、またたく間に群れのメンバーからいじめられるようになる。スケープゴートになる場合もあり、普通は群れの全員のたび重なる激しい暴力に見舞われ、結局追い出される。従属していた狼が、高位の狼に挑戦し勝利すると、自信に満ちあふれて傲慢に見えるほどだ。

ツィーメンは、大きな囲いの中で飼っていた狼の群れの、一頭の雄狼との間で起こった身の毛もよだつ事件を記述している。古いアルファ雄を群れから除いたところ、三頭の若雄の一頭、アレキサンダーが、狂ったような激しい武力闘争の末、新しいアルファに納まった。彼が即位して一週間も経たないある日、アレキサンダーがツィーメンに向かって飛びかかり、両前肢を肩にかけ、歯をむき出して威嚇した。ツィーメンの共同研究者が驚いて窓にかけ寄って見ていると、ツィーメンはアレキサンダーに語りかけ、何とか鎮めることに成功した。しかし、アレキサンダーとツィーメンの関係は、その後、決して改善することはなかった。劣位の者にとって、服従は上位からの直接攻撃をそらすのに役立つ演技であり、儀式である。それは、序列を一時的に確認し、群れを安定させるのに役立つに違いないが、それが目的ではないことを認識しておく必要がある。下位の狼の目的とは、自分の遺伝子に日の目を見させるために、生きのびることなのである。

それでも、服従はその実質的な効果として、群れ全体の存続に必要なさまざまな作業を進めるのに役立つ。つまり、狩猟をしなわばりを守ることが可能となる。これらの作業は、アルファ雄の指揮に従おうとする群れの意志があれば成功する。アルファ雄は、弱い者いじめをするだけではなく、リーダーとしての役割を果たす。彼は皆に先立って巣穴に出入りする。狩りをするに当たって、しばしば群れを導く。部下たちは、彼の合図に従って伏せたり立ち上がったりする。二頭の狼が相互に関係を持つ場合、最初に動くのは優位の狼である。犬と人間との関係で、散歩から夜寝るまで、**犬が人間の**

リーダーシップを受け入れるやり方は、すべて狼のやり方の引き写しである。

団結性と協同性について

しかし、服従よりももっと深く狼の群れの中に根づいているものとして、団結性と協同性がある。狼の狩りは、常に高度に協同的だ。ミシガン州のアイスル・ロイヤルで数年間、野生の狼を研究した生物学者デイビッド・メッチは、**狼の群れの統治方式に民主主義の要素があると**言っている。群れの移動は、往々にして、リーダーに無条件に従うのでなく、多数決で決める。ある日、一六頭の狼が凍結してギザギザになった湖面を渡ろうとしていた。リーダーの狼は、群れが進路からはずれないよう自分について来させようと努力したが、大多数は明らかに戻りたがった。結局、群れは無事に巣に引き返すことになった。縦社会の厳しい掟のせいか、上に見たようなギブ・アンド・テイクの民主主義が存在するせいか、いずれにせよ狼は、群れをなすほかの動物種（いつでもたがいにいじめ合っているチンパンジーなど）に比べて、はるかに協調的なのだ。

狼は、群れをつくるほかの動物種より**高い適応性**を示す。これが、私たち人間と自然に社会的な同盟ができたもう一つの理由だ。狼は、一匹狼から大きな群れにいたるまでの、さまざまな規模の集団で生活をする。唯一の例外である人間を別にすれば、狼は、地球上でもっとも広範に分布する陸上動物である。その範囲は、北アメリカからヨーロッパを経て、アジアにいたり、準砂漠地帯、ツンドラ、亜熱帯森林にまで広がっている。

犬は狼である（短所）

犬に見られる狼に似た社会的行動の多くは、われわれ人間にとって不都合なものである。また、その多くは、もともとの社会的な意味を失ってしまっていて、進化の過程でまだ洗い流しきっていない痕跡や副産物である。人間の虫垂と似ていて、無駄なだけであることもあるが、ひどく厄介なことになったりもする。

排尿

犬がたんねんに排尿をする行動パターンは、多くの飼い主には迷惑で、情けない。こう言っても慰めになるかどうかわからないが、犬にとっても意味がないのだ。

狼のアルファ雄とアルファ雌は、普通、後肢を上げて排尿する。群れのほかのメンバーは、しゃがんで用を足す。肢上げ排尿では、目立つ物や場所に少量の尿をかける。もちろんこれは、膀胱を空にすることとは無関係で、ひたすらなわばりのマーク。多くの人が、狼はなわばりの外縁部をこの方法でマークするという話をたびたび聞かされ、それを信じ込んでいる。立ち入り禁止の標識だと思いこんでいる（元凶は、ファーレイ・モウワットの、多分にフィクションで自在に脚色した、限られた範囲の野生狼との出会いの物語『オオカミよ、なげくな』紀伊國屋書店）。

しかしそれなら、庭や、花壇や、時にはカーテンにまで放尿するのはなぜなのか？

ミネソタ州のデイビッド・メッチの調査によれば、**尿によるマーキング**はなわばりの全域になされるのである。同じようなマーキングは、糞（生物学者はスカッツと呼ぶ）を目立つ場所に残しておくことによってもなされる。雪だまり、切り株、かん木、さらにはビールの空き缶にまで糞を残す。狼の糞は、群れの移動路の分かれ道でたびたび見つかる。特に、幼弱な子狼を残して大人（成狼）が狩りに出かけた後の合流地点で見つかる。おそらく、肛門の両側の体臭腺から出る、それぞれの狼に固有のにおいを糞につけることによって、においマーキングを強化していると思われる。優位の狼が、排泄後に地面をひっかくことがあり、全部ではないが犬にも同じ行動が見られることがある。これは、標識を視覚的に強化すると同時に、前肢蹠球の汗腺によるにおいづけで一層はっきりさせるのであろう（狼は、この行為をするとき、土や落ち葉で注意深く排泄物を隠し、直接目に触れないようにする）。

生後二、三週間たつと、子犬には巣穴の付近を清潔にする本能が働き、巣の外へ出て用を足すようになる。家庭犬の排尿、排便のしつけ（ハウス・ブレーキング）が成功するのは、まぎれもなくこの本能によるのだ。ただし、子犬にとって、家屋全体を巣穴と見なすのはやさしいことではない。ハウス・ブレーキングがたまたま失敗するのは、明らかにこのためである。犬には、広い場所をきれいにしておく本能がないだけでなく、反対に、住みかの周辺をくまなく糞や尿でマークしたくなる衝動がある。狼は、群れのメンバーがなわばりの中にいることを自覚できるように、この行為を行う。狼が肢を上げて排尿するのは、よそ者のにおいがした時だとよく言われるが、それは違う。そうではなく、その場所に自分のにおいがある時に肢を上げるのだ。狼は自分のなわばりの通り道に、道路標識としてマークをつけ、さらにそのうえ、何度でもマークしたくなるのである。実は、**尿のにおいに対するほとんど自律的な反応**なのである。研究者による実験では、犬の鼻のまわりを電気刺激すると、膀胱括約筋が弛緩することがわかっている。

標準的な狼の群れでは、一二〇〜二五〇平方キロにおよぶ広大ななわばりだったのが、犬では郊外のせいぜい一平方キロの敷地に縮小してしまった。したがって、本来のにおいづけの意味は、ほとんど失われている。訓練や、協調性を確立するための施設用地では、犬に一カ所で糞をするよう教えることができる。しかし、特定の場所で排尿させるのは、それよりはるかに難しい。多くの動物は、犬のように潔癖ではなく、排泄する場所を教えるのは非常に困難である。例えば、ある種のロリス（原始的な霊長類）は、絶えず手や足に尿をつけ、なわばり全体ににおいがつくようにする。

掘り返し行動

多くの犬の飼い主は、**掘り返し行動**がなければいいのにと感じており、犬自身もそう思っている。これも狼の行動の痕跡。

狼とコヨーテでは、獲得したエサを後で食べようとして隠しておく定番の行動だ。狼は、必ず正確に次のように作業する。前肢で穴を掘り、中に獲物を入れ、鼻を使って散らばった泥や雪を埋め戻す。ビデオ撮影による一〇〇回以上の観察で、狼は鼻で穴を掘ったり、肢で埋め戻したりは、絶対しなかった。多くの場合、そうしないという明確な理由が認められなかったにもかかわらず、例外はなかった。「前肢で穴を掘り、中に獲物を入れ、鼻を使って散らばった泥や雪を埋め戻す」というパターンは、脳の神経回路に組み込まれた古典的な運動パターンなのだ。組み込まれた定番の行動だからこそ、犬では役に立つことはめったにないにもかかわらず、繰り返し実行するのである。

母犬は時々子犬にエサを運ぶけれども、エサを吐き戻すことは比較的まれだ。しかし、一部の犬は吐き戻しをする。不幸な飼い主がまれに、この狼の本能を引き継いでいる犬に出会う。ただし、新しい環境に合わせた形で実行する。このような犬は、何か思い違いをして、飼い主の靴の中に定期的に吐いたりする。

犬は狼ではない

狼の社会では基本的なことだった行動の一部が、犬としての新しい社会では発現する機会がなく、隠され続けているかもしれない。しかし、犬を野生または準野生の環境で自由に生活させてみても、その行動は野生の祖先とは明らかに違っていたのだ。

平和主義者で、のんびり屋さん

狼の行動研究として、エリック・ツィーメンは、プードルの群れと狼の群れをまったく同じ自然環境で飼育し観察した。広い囲いの中で狼は自由行動が許され、隣接する土地がプードルに割り当てられて、狼と同じように自由に生活させた。狼は、あくび、のびる、はう、尾を振るなど三六二の行動を示した。プードルはこれらのうち六四%の行動を、まったく同じか、ほぼ同じ形で行った。狼行動の一三%は、プードルではまったく見られなかった。二三%の行動は、残ってはいたが、かなり違っていた。

ツィーメンによれば、プードルは狼と同じ行動をしても、その行動の目的をまじめに追求していなかったという。プードルは、**遊び半分で、いい加減**であった。レイモンド・コピンジャーが野良犬で観察したのと同じく、プードルは大きな獲物のハンティングはできなかった。プードルは何でも追跡したが、獲物は小鳥、落ち葉、自転車に乗る人間だったりして、見さかいなく、明らかに遊びで、追うことそれ自身が目的であった。子狼の遊びとそっくりであった。

プードルと狼のもっとも際立った違いは、**表現行動**（あるいは表現行動の欠如というべきか）であった。狼の顔の表情には豊かなレパートリーがあり、耳の動き、尾の位置、体の姿勢などで感情表現をする。プードルではこれらの多くが単純化され、まったく欠落していたものも多かった。口唇をまくり上げ、歯をむき出してガチガチいわせ、唸るといった、狼で通常見られる攻撃または防御の意思を示す表現は、プードルでは、ほとんど声もなくあっさりしたものだった。プードルは一般的には怖がる様子がなく、攻撃的でなく、自分のまわりに誰かが侵入してくるのを、狼ほど気にしないためだろう。プードルには、不快な反応をする材料がないようだ。

子狼は、生後四週間で早くも別々に単独で寝るようになり、その後、その回数は増えていく。6カ月齢になれば、大人（成狼）とまったく変わらず、互いにくっついて寝ることはなくなる。一方プードルは、8カ月齢を越しても往々にしてくっつき合って横たわり、実際には成犬になっても三分の一はそうする。体温を逃がさないようにする必要がない暑い時でさえ、くっついて寝ることがある。別の言い方をすれば、犬は生まれつき平和的で、のんびり屋なのだ。

プードルと狼の交雑種（プーウオ）の研究によって、犬のおだやかな気質を象徴する行動がほかにもあることがはっきりした。ツィーメンがプーウオ同士を交配したところ、そのＦ２（第二世代）では違う行動タイプが現れた。あるものは人間に近づくのにびくびくだったが、近づいた場合は愛嬌たっぷりだった。ほかのものは従順で人見知りをしなかったが、感情的には距離をおく傾向があった。ツィーメンは、恐怖感受性の低下と社会性・協調性の上昇という二つの特性は、分離した遺伝形質ではないかと示唆している。両特性とも、狼が犬になるのに必要ではあったのだが。


犬への進化過程で狼の行動が減弱し、なくなっていく仕組みが、自由行動犬の別の研究で示されている。

都市や農村で自由に放浪する犬たちは、たいてい**群れをつくらない**。個別の犬にはそれぞれ本拠地があってそこに執着するが、それぞれの地域は互いに完全に重なり合っている。自由行動犬は自分の本拠地全体に狼のように尿マーキングをするが、侵入してきたほかの犬を防ぐ様子をまったく見せない。たまには、田園地帯やゴミ捨て場やその周辺の野犬が群れをつくることがあるが、狼の群れと似た行動をとることはない。野犬の群れは時として情熱的になわばりを防衛し、侵入者（犬）を殺すこともあるが、わけへだてなく子犬を育てるといったような、狼に見られる多くの協同行動はまったく見られない。

狼の繁殖行動の多くも、犬では失われているか、あるいは、はるかに多様化している。コピンジャーは、世界中の野良犬と野犬の繁殖行動がきわめて多様であることを報告している。一方の極端な例は、ニューギニア・シンギング・ドッグの雄で、激しい闘争性を示すが、狼とは違う。単独でなわばりを守る動物種の雄に似ていて、ほかの雄と視線が合っただけで闘いが始まる。反対は、ベネズエラの野良犬で、これは犬の典型だろう。雄たちは一頭の雌に行列して順番に交尾し、たがいに闘うことはほとんどなかった。

狼と犬の違いを生んだもの

このような狼と犬の行動の違いを、単純に一つの要因で説明することはできない。神経伝達物質やホルモン濃度の変化、成長過程で行動が形成される特定のタイミングが欠落する、成犬になっても幼児性が残存するなど、すべてが、狼行動から犬行動への変形の要因だ。

全体的に見ると、次のような違いが浮かび上がる。**犬は、狼に比べて恐怖心も対抗意識も低い**。優位に立つことを望む素質を継承してはいるが（その裏返しとして劣位に甘んじる素質も）、対人関係（対犬関係）には**狼社会のような緊張感はなく、自己主張も強くない**。ひとことで言えば、狼のような険悪さはない。狼の群れの社会的圧力釜は、犬ではぬるい大釜に変わっているのだ。

犬にとって、古い祖先の密度の濃い充実した社会生活は、必要でもなければ、憧れでもない。ほとんどすべての雄犬が、自分の行動範囲で肢を上げて放尿する（あまり社会化していない雄のコヨーテも同じ）。犬では、雄も雌も、ほかの犬に繁殖を妨害されない。たいていの自由行動犬は、恒常的な群れをつくることはない。これらから見えてくるのは、犬社会は、封建制度の階級が分解して、民主政治に移行したようなもので、もっと言えば、すべての市民が**領主になったような妄想**を持っている社会だということだ。

彼らは常軌を逸した楽天家集団である。おのおのが自分を実力者だと思い込み、しかも隣人（隣犬）がそう思っていても何も感じない。彼らは自分がナポレオンだと信じている。彼らは時々護衛兵に、皆でナポレオン集会を開催しようと持ちかける。

ホルモン濃度や成長過程の差異は、狼と犬の行動の違いを引き起こす。そのほかに、犬と狼で、社会行動の差が出るのは、一つには、**体型の違い**による。プードルは垂れ耳だから、狼のようなコミュニケーション表現のレパートリーは持ち得ない。狼は、耳を動かして優位、敵対、恐怖、服従など、気分や意図を豊かに表現する。プードルの耳を見た狼は、こいつは永久に服従していると思うだろう。

いくつかの犬種の体型では、狼におけるコミュニケーションの仕組みがひどく損なわれてしまい、特に**攻勢と優位性の表現ができない**。キャバリア・キング・チャールズ・スパニエルのすべての雌は、

図3　狼の立ち耳、たてがみ、長い鼻づらは、多くの犬種にはない。それで、狼と同じ表情を使うコミュニケーションができないのだ。

まったく攻撃性を示さず、狼に似た視覚的な表現はほぼ絶対に示さない。エサや好みの場所をめぐって、ささやかなせめぎ合いをすることがあるが、優位らしい犬が相手をちょっと横に押すのがせいぜいである。この犬種は、耳だけでなく、あご、たてがみ、尾も、狼とはまったく異なる。群れで狩りをさせるようにつくられたフォックス・ハウンドやビーグルも同じように攻撃性の表現が欠如している。もともと彼らは、鼻にしわを寄せる、牙をむき出す、耳を立てる、たてがみや毛を逆立てるなどの、狼が示す攻撃の表現レパートリーが可能な顔かたちをしていないのだ（図3）。

子犬はどう育っていくのか？

刷り込みについて

有名な動物行動学者コンラート・ローレンツは、まるでロック歌手を夢中で追っかけ回す若者のように、ガチョウが自分についてくることについて研究した。彼の実験によって、多くの動物種が生後の最初の数週間、数日間、または数時間を共に過ごした相手に長期間つきまとうことがわかった。

ローレンツが「**イン・プリント（刷り込み）**」と名づけたこの行動は、ガチョウのように孵化後数時間以内に歩いたり泳いだりする早熟な動物種の場合に、わかりやすく当てはまる。大地に立ってすぐに歩きまわっても、早く母親を識別できれば、母親からはぐれにくい。ガチョウの場合、この「刷り込み」という強力な手段があったおかげで、猛スピードで移動しているものを見ながらついていけるのだ。普通は、刷り込みの対象になるのは母鳥のはずだが、相手が動物学者でも、猫でも、トラクターでも同じことが起きてしまう。多くの鳥類で、異種の里親に育てられたヒナは、奇妙な運命に支配されて継母鳥への執着を持つだけでなく、好ましい配偶者（鳥）の選び方まで里親から学び、それを一生守り続ける。性成熟の後、本来の自分の種の行動パターンでなく、里親の種の振る舞いを演ずる。人間の手で育てられた多くの野鳥は、性的にも人間を刷り込み、生涯、自分の本来の仲間を避ける。そして、人間に対してむなしい求愛行動を続けるのである。

犬のように、目も見えず、耳も聞こえず、無力な状態で生まれる動物種では、新生仔が母親を識別できるように学習するための長い期間が用意されており、急ぐ必要はまったくない。子犬は生後三週間、巣の中にいるので、大失敗をする恐れはほとんどない。その後の成長過程で、社会性を身につけるための特に感受性の強い時期を過ごす。同種の仲間をきちんと識別し、妥当な関係を結び、社会生活の基本ルールを学ぶのに決定的に重要な時期でもある。この時期の学習のことも、往々にして刷り込みと言われることがあるが、ガチョウの場合と比べると、**かなりあやふやで、絶対的なものではない。**

メイン州バー・ハーバーのジャクソン研究所で一九四〇年代から五〇年代に、大掛かりな動物行動学のプロジェクトが企画された。その一部は、犬における「刷り込み」についての実験で、いくつかの目覚ましい成果をあげた。シェットランド・シープドッグ、バセンジー、コッカー・スパニエル、ビーグル、フォックス・テリアの百以上の同腹子を飼育し、さまざまな条件で観察した。もっとも有名な実験結果は、一九六一年に公表された「野生犬実験」だ。子犬たちは、広大な自然環境で、人間と直接接触することなく飼育された。子犬たちはそれぞれ、生後二週目から九週目の間の一週間だけ研究室に連れてこられ、その一週間だけ人間と毎日交流した。比較対照群の子犬たちは、生後一四週まで一切人間と接触させなかった。一四週目になって、すべての子犬を野外から研究室に回収し、検査した。**どの程度恐怖を示すか**を調べる検査として、部屋に静かに座っている人間に近づき触れるまでの時間と、飼育係（ハンドラー）が近づいて来ると子犬がどう反応するかを調べた。生後五週目に初めて人間と接触した子犬の恐怖感が最も低く、生後五週目から九週目の間に人間と接触した子犬たちも、恐怖感は低く、最高の成績だった。これらの子犬は一四週目になされた別のテスト（初めて引き綱をつけて知らない場所を歩かされる）でも、最高の成績であった。

比較対照群と二、三週目の一週間だけ人間と接触した子犬は成績が悪く、引き綱をつけると繰り返し吠えた。比較対照群、つまり**生後一四週まで**まったく人間と接触しなかった子犬たちは、強い恐怖感を示し、床に静かに腰を下ろしている人間に決して接近しようとしなかった。そのうちの一頭を次の一カ月間、人間と濃厚に交流させたが、わずかな改善があっただけだった。実験報告は次のように結論している。

「これらの野生子犬は小型の野生動物のようで、野生動物と同じ方法でなければ馴らすことはできない。逃れられないように閉じ込め、たえず人間と接触するよう、エサを手で与えるのだ」

社会化するのに、適した時期

この実験とは別に、生後4週齢以前に兄弟姉妹から完全に隔離された子犬は、しばしばほかの犬と正常につき合う能力に欠け、人間に対する性的な「刷り込み」が起きるという別の実験結果がある。

これらの子犬は性成熟に達した後、交尾行動で著しい不能ぶりを見せる。3週齢でほかの犬との接触を断つと、四分の三の雄犬は成犬になってから交尾行動で挿入できない。半数の雄は間違えて反対の方向から雌にまたがろうとする。基本的なことが間違っているのだ。

バー・ハーバーの実験結果は、子犬飼育法に一種の革命をもたらした。**子犬には3週齢から12週齢の間の「臨界期」**があることが確認されたのだ。この時期に、第一次の社会的きずなが刷り込まれる。犬飼育のエキスパートの多くは、子犬を、育ての親の家に移すのは、6週から8週齢が理想的だと判断している。多くの書物には8週齢以後に新しい飼い主に渡されると、強いきずなは形成されず、一生ねじれてしまうと書かれているようだ。しかし、これはバー・ハーバーの実験の示すところとまったく異なる。子犬が人間を何とも思わず、恐れないようになるのには、**生後三週目に人間と接触するのが好ましく、いくら遅くとも七週目ぐらいまで**だと、バー・ハーバーの実験は結論した。子犬を終の住み家に移すのは生後六週から八週の間でなければならないということは決してない。12週齢くらいまで、実質的に人間との接触がない条件で飼育すると、たいていは人間を恐れるようになる。特に目新しい状況におかれた時に、人間を恐れる。しかし、12週齢を超えた子犬でも、前もって人間と接触していれば、見知らぬ人間や新しい経験を受け入れる能力を失わない。新しい家庭の新しい飼い主のもとでも、十分うまくやっていける。研究によれば、三週から七週までの臨界期に、週二回、二〇分間だけ人間と接触すれば十分であることがわかった。

最近のデータによれば、子犬を6週齢で母親犬および兄弟姉妹から引き離すと、その後の健康にも、社会化にも悪影響があることがわかった。6週齢で子犬を新しい家庭に移すと、12週齢の場合よりも強い不安感を示し、食欲も病気に対する抵抗力も低下する。

科学者たちは、子犬の「臨界期」がそれほど決定的なものかどうか、疑問視している。多くの科学者は、あまり決定的な感じがしない「**感受性期**」という言葉を、今は使っている。それでもなお正確さには欠けるかもしれない。これは、野鳥のヒナの場合には、(間違いなく)存在している生物学的に特別な経過が、犬にも当てはまることを暗示する言葉であるからだ。

子犬が新奇なものを強く恐れるようになるのは、12週から14週齢あたりだというのは正しい。これは、自然発生的な逃走本能をコントロールできさえすれば、週齢の進んだ子犬でも(狼でも)人間と付き合うようになれるという事実によって裏づけられる。子犬では、社会化本能を活性化させられる窓口が短い期間しか存在しないのではなく、窓口、つまり社会化の能力は年を重ねても保存し続けているのだが、恐怖感がそれを妨害し、窓口を塞いでしまうのである。

とは言っても、子犬は生後二カ月間で社会規範について決定的に重要な知識を獲得する。

上下関係がわかる

子犬の生後二カ月間

生後二週〜三週で、子犬は自分で動くようになる。この時期に兄弟姉妹たちと初めて交流し、犬社会のさまざまな信号の意味を学び始めるに違いない。そこで初めて、攻撃と譲歩の結果を体験する。社会化のタイミングと同じように、子犬が社会について学ばざるを得なくなる事件に最初に出会うのが、社会学習開始のタイミングだ。刷り込みの臨界期とはそれほどの関係はない。しかし、人間も社会規範の一部なのだから、この時期に、のちのち人間とよい関係を結ぶための準備をする。

2、3週齢の子犬には、まわりの物に触れたくなる衝動が芽生える。人間に近寄るとほめる、逆に人間に近寄ると罰を与えるという、いずれの訓練をしても、子犬が人間に近づこうとする意欲に差は生じなかった。探索したり、接触しようとする衝動は非常に強く、その行為自身が報酬になっているのだ。一部の子犬は、うろつき回るようになるや否や、遊びと喧嘩ごっこを始める。生後6週齢までに、すべての子犬は兄弟姉妹と相互に接触する。その喧嘩ごっこで、彼らは優位姿勢や服従姿勢の定番の格好を披露してみせる。しかし、たいていは相手の姿勢の意味をまったく理解してないように見える。

エリック・ツィーメンによれば、子狼は群れの年長狼に咬みついたり、じゃれたりして、そのあげく、唸り声で脅されても最初はほとんど気がつかないらしい。それでも年長の狼はかなり自制し、迷惑しても怒りを抑制する。子犬たちは鋭い歯で遠慮なしに咬み合いをし、その時初めて社会的信号の意味に注意を向ける。このような交流で、本気の咬みを抑制し、うそっこの咬みに切り替える術を身につけていく。

社会生活のきまりを教育するうえで、おそらくもっとも重要な出来事が離乳時に起きる。離乳は、子犬の利益が母親犬のそれと分離する第一歩。子犬が4、5週齢になると、乳をねだっても母親犬が立ち去るようになる。この行為の直接の引き金になっているのは、間違いなく、子犬の歯が鋭くなり咬む力が強くなってくることである。子犬が成長し活発になると、母親犬は乳を欲しがる子犬に唸ったり歯をむき出したりする。ついには、子犬の鼻面を口に入れ、軽く咬み、懲らしめることになる。5週齢までに、多くの子犬は母親に懲らしめられると、腹を出し無抵抗に寝ころび、古典的な受動的服従のポーズをするようになる。そうなると、たいてい母親犬は子犬をなめてやる。この交流は、典型的には七週でピークに達する。これが脅し、譲歩、服従についての実地体験講習なのだ。

子犬たちのこの初期過程ですでに、彼らの中に**優劣関係**ができると、多くの書物は断定している。実際に、多くの犬繁殖家は、**7週齢の子犬の気性検査**で、将来優位に立つ犬になるかどうかを予測できると考える。この検査は、自信たっぷりで自己主張の強い人間、例えばＦＢＩの捜査官とか中学校の教頭先生には気性の強い犬を、優しい飼い主には気性のおとなしい犬を提供するためのものだ。

バー・ハーバーの実験は、子犬たちがごく幼い時期から、骨を取り合って乱闘を演ずることを確認した。また5週齢になると往々にして、一頭の子犬が繰り返し骨を奪い、十分間の実験観察時間中、その子犬が骨を独占する傾向が認められた。11週齢になると、この傾向はますますはっきりしてきて、骨取りゲームのほぼ半数で特定の子犬が勝者となる。これらの実験によって、子犬たちを順位づけした。この実験結果および似たような報告が公表されて以降、「臨界期」に序列が形成され固定されると見なされるようになった。

子犬同士の優先順位は、その後の序列と関係ない

しかし、この時期の子犬同士の争いの様子から、将来の序列を予想するのは不可能だという証拠もある。一度出現した序列が、生後五週から十二週の間にしばしば変動する。6週齢で最高位だった子犬が、12週齢では最下位だったりする。序列は一日で、場合によっては数時間で変わることもある。

エサを獲得する順番や、骨、おもちゃを所有する優先性のかなり固定的な序列は、2、3カ月齢に

達するまでに出現するが、これも現実社会の地位と、ほとんど、あるいはまったく無関係である。矛盾していると感じられるかもしれない。また、些細な定義の違いにこだわっていると受けとられるかもしれない。しかし、エリック・ツィーメンによる子狼とプードルの子犬の研究によれば、犬が食料を獲得する優先順位は、もっと深刻な社会的地位の状況とは基本的に無関係なことがわかった。子犬では、食料または欲求の対象となる何かを獲得する競争は、雄も雌も含めた集団で争われる。たいていは雄が雌よりも優勢である。子犬たちの間では、体型の大きさと気性の強さが物をいうらしい。最初の数カ月間は順位が目まぐるしく変動するという事実と合わせ考えると、犬社会の優先順位は直接的な動機の強さや、目前の抗争に強く関係しており、もっと大局的な社会的地位とはそれほど連動しないらしい。一方、狼社会における社会的地位は、性成熟に達した後に、同性の個体間で展開される血みどろの抗争を経て確定する。

群れの狼は、犬に比べてより協同的に資源を共有する。少なくとも食料が十分であれば何の争いもせず、くっつき合って摂食する。ツィーメンによれば、子狼たちはよく喧嘩をするが、それが社会的優劣に影響する証拠はまったくなかった。

「たびたび（子狼の間で）激しい喧嘩が起きた。これらの喧嘩は二頭の子狼の間だけでなく、二頭または三頭が四番目の子狼を襲うこともあった。それなのに、三分後には皆が寄り添い、仲良く寝るのである。次の新しい喧嘩が起きるまでは同盟を結んでいる。二頭の子狼が闘争を繰り広げても、それは永久に続く抗争ではない。彼らの表現は常に、その瞬間に存在する力関係を示すものであって、三分後に新しい事情が生ずれば、まったく異なったものになる。これらすべては、成狼の攻撃行動とははっきり異なる。仔狼が衝突するのは、瞬間瞬間の利益がぶつかり合うからで、たがいに地位を争っているわけではない。彼らには、長期にわたって兄弟を抑えつける意図はない。すぐそこにある欲求を満足させる以外に、他人（狼）を犠牲にして自分の行動の自由を拡張する、何らかの膨張傾向は存在しない」

犬には、狼と違って、群れの中で協同しなければならないという強い強制はない。そのためかえって、いつになっても、**目先の利益**、つまり、食料や財産をめぐる所有欲の強さを張り合うことになりやすい。

しかし、社会的地位を確立するという深刻な営みは、そんな目先の争いごとではなく、もっと**長期的な利害関係**が根底にある。狼が真の優劣を争うとき、彼らは骨をめぐってはおろか、配偶者を争うのでもない。遺伝子が命ずるままに、きわめて基本的な、やむにやまれぬ闘争を展開しているのである。仲間の自由な行為を抑えつける。そうしなければ、交尾し自分の遺伝子を後世に伝える展望は絶対に開けない。優劣争いは、戦いに勝つことそれ自身が目的である。一方、犬はそれほど深刻でもなく、また、強く突き動かされることもない。闘争を強制されもしない。だから犬は、優劣争いをゲーム化し、狼に比べて多様な状況で優位ぶってみせる傾向がある。

犬に忠誠心はあるのか?

いくつかの犬種では、動機がないか、あるいは視覚に訴える信号を出す道具がないか、その両方なのか、とにかく静かに群れの中で過ごすので、地位をめぐる真剣な争いはまず起きない。フォックス・ハウンドとビーグルは、家具に囲まれた家庭環境に馴れさせにくく、飼い主にもよそよそしいことで有名だが、それは自分がトップだと思っているためではなく、むしろ、誰がトップだろうと関心がないからである。

社会的優位性の要求を、もっと明確に、強く持つ犬種もある。彼らは懲りずに飼い主に挑戦することもあり、しっかり身分をわきまえさせないと暴力的になり、飼い主を攻撃したり、咬みついたりすることもある。かなりの確率でその戦いに勝ち、あるいは自分が全権を掌握したと思い込む。その結果、犬の要求を満たすために、飼い主が一日中奉仕する羽目に陥る。

社会的地位に意識が向いた犬は、多人数、多犬数所帯の集団力学にも敏感になる。何年も皆とうまくやってきていても、人間でも犬でも誰かがいなくなったり、先輩の犬の体力が衰えたりすると、ある日突然、自己主張し始める犬がいる（これら、人間や犬に対して優位性を誇示するために攻撃的になるという困った問題については、8章で詳しくとりあげる）。

しかし、犬が人間社会の中で訓練され、日常生活のきまりを受け入れるということは、合理的な社会行動をする下地があることを意味する。

忠犬のように見えるが、実は違う

犬たちに、すわれ、ふせ、まて、を教えるのは簡単だ。ツィーメンによれば、これらは、**劣位の狼が目上の狼に対して示す服従姿勢や行動と正確に対応する**からである。目上の狼は、群れのほかの仲間が自由に行動するのを制限しようと狙っている。犬たちは、飼い主にさわり、なめ、あいさつしたがる。これは群れの狼が、アルファ雄に示す態度とそっくりである。

これは愛情とか忠誠心なのだろうか？

いや、それらは、実は打算的なひとつの手段にすぎない。進化は、ほとんど無限にご機嫌とりができる能力を、犬とその祖先に与えた。ある意味では愛情と呼んでもそれほど違っていないかもしれない。なぜなら、その場の状況に合わせて発現する、**自分自身のための衝動的な行動**なのだから。

社会的序列が上位の者から、攻撃的でないあしらいを継続的に得られるということを、自身の喜びとして強く求めたとしても、それは当然だ。犬たちには、社会的上位と思われる者のそばにいて、優しくし、従順でありたいという強い衝動がある。しかし進化論的に考えれば、この行動すべてが、強烈な皮肉だと見なさざるを得ない。これは方便以外の何物でもないからである。狼たちが、時に応じてワイロを使い、権力への道を切り開くことがなければ、上位に従うというこの本能が備わることはなかったはずである。もしわれわれがこれを愛と優しさと呼ぶのであれば（ただし、社会的に上位の者にだけ愛と優しさを捧げることに注目！）、狼が弱者をいじめて追い出すのを、冷酷、サディズムと表現しなければフェアでない。

われわれ人間にも、浮気っぽいという特性がある。この場合も、犬がビスケットを求めて吠えるのとはまったく次元の違う、基本的な純粋な衝動から発する何かが存在するに違いない。それが、たぶん、愛というものなのだ。

そこへいくと忠誠心はかなりしっかりした命題で、はっきりとした目的が感じられる。犬は忠実さを露骨に示す。つまり、われわれ人間に首ったけだ。しかし、犬たちが吹雪の中で主人を守ったとか、火災現場から家族を救出したとか、財産を狼や強盗から守るのに一身を投げ出した、というたぐいの**美談のすべては、どう考えても理屈に合わない**。

われわれ人間には、明らかに**擬人化志向**があり、いとも簡単に人間の動機を動物に投影する。そこで最近は、普通の日常的な犬の行動まで「愛犬が家族を救う」という新聞の見出しになり、主人を救った物語として取り上げるのがジャーナリズムの定番スタイルになっている。われわれは、その擬人化に慣れっこだ。往々にして、これらの話は最後まで読むとがっかりさせられる。例えば、煙感知警報が鳴り止んでも英雄的に吠え続け、酔っ払って意識を失っていた主人の目を覚まさせ、そのおかげで酔っ払いが安全な場所まで逃れることができた、というたぐいの話。

雪中で怪我人のそばに寄りそう犬たちは、温めるためにそうするのではなく、単に**犬が必ず行う行動をしたにすぎない**。床に横になって、犬がどうするか見ればすぐわかる。飼い主の財布や靴などを守る犬たちは、犬のチューインガムを誰にも渡すまいとする犬の行動とまったく区別がつかない。犬が守りたくなるのは、飼い主がいつも持っている物で、それは犬にとって、トップの犬から大事な骨を奪い取ったような気分にさせるほどの価値があるのだ。

犬は、侵入者が現れると、飼い主に駆け寄り侵入者を脅すように唸る。これは飼い主を守っているとしか見えない。しかし、その見かけと違い、同じ条件の狼は上位のものを守るのでなく、逆にその周りにいて何らかの「保護」、少なくとも励ましが与えられることを求めているのである。**飼い主を守るように見える犬の行動**は、獣医診療現場で「被助長性攻撃」と呼ばれる現象そのもの。犬が単独ならまったく問題なく診察できるのに、飼い主がいると励まされ、獣医に咬みつくことがある。獣医が診察するときに、飼い主以外の人に犬を押さえさせるのはこのためなのだ。

犬の多くの行動を忠誠心の証とわれわれが思い込むのは、勝手に間違って解釈しているからである。われわれ人間のためになされたと無理やり思い込んでいるが、犬にとってみれば目的はほかにある。崩壊した建物の下敷きになった人を発見し救助する災害救助犬に、人を救助する意識があるわけではない。麻薬捜査犬が、国の麻薬取締り法を執行しようと自覚しているわけではないのと同じこと。

災害救助犬は「持ってこい」をやっているにすぎない。これらの犬には、最初、決まった一つのおもちゃを取ってくるように教える。次に人間がおもちゃを持って隠れる。犬が発見するとほうびとしておもちゃを返す。実際の災害現場では、一日に何回か誰かがおもちゃを持って被災者のふりをし、犬に発見させる。発見すればおもちゃをほうびとして与える。それで救助犬は嫌になることもなく、あきらめることもなく、仕事を続ける。

家畜用の番犬について広範な研究をしたコピンジャーによれば、犬たちは羊を狼やコヨーテから守る意志などはまったくなく、彼らが有効に務めを果たしているのは、ひたすら自分たちの道楽によるものだという。捕食動物が近づくと、犬たちは完全に不適当で無意味な行動をする。彼らは吠え、尾を振り、敵と遊ぼうとさえする。犬は敵を脅そうとも追い払おうともしないが、犬の無意味な行動に侵入者は混乱し、攻撃手順が狂うのである。

犬たちが、われわれ人間の仲間であることを喜んでいるのは間違いない。人間の階級社会の中で確固たる地位を確保した彼らは、確かに安心している。犬たちが、感覚の鋭さ、特殊な習性、執着心のゆえに、人間を助けてくれることがあるのは疑いのない事実である。

しかし、犬がわれわれに役立つ振る舞いをするとき、われわれ人間のために行っているのだと思い込むことがそもそも誤りなのである。どうしても人間を中心に考えてしまうのは人間の悪い癖だ。

きびしい礼儀作法を守る仲間意識の強い社会では、意図をそれとなく伝えることに何の苦労もいらないし、他人の合図を見誤ることもない。

4章 犬のコミュニケーションは歌舞伎だ

社会で通用する合図には、さまざまな形がある。

帽子を取る、握手するなどは、とうの昔に本来の役割を失い、儀式化し単なる習慣になった。あるいは、こぶしを振り上げるというような、その行動が示している意志がたやすくわかるのもある。また、すくむなど、打撃をかわす反射を形にしたものもある。

合図は、意識的に使われることもあれば、無意識に交わすこともある。視覚的な合図も聴覚的な合図もある。

真実を伝えることも、ごまかすこともある。

いずれにせよ、どの合図にも共通している役割は、あからさまな行為を抑えて、おだやかに表現すること。

結局のところ、合図というのは、利益が鋭く対立し合う人々が、狭い場所にひしめいているようなときに、暴力沙汰が生ずるのを回避する手段なのだ。

人間と動物のコミュニケーションは同じもの？

合図を送り、それを受け取るという行為は、コミュニケーションの萌芽である。われわれは人間だから、コミュニケーションを考えるとき、人間のそれを基準に考えてしまう。生物学者も、もちろん人間だ。彼らは、実に数十年間も、言語を基本にする視点から、動物のコミュニケーションを分析しようとした。つまり、人間の言語で音声が果たしている役割と同じような役割を、動物の音声や振る舞いも担っていると考えていたのだ。

通常の研究方法は、次のようにする。まず、動物が音声を発したり、何かの視覚的な振る舞いを示したとき、動物は何をしようとしているかを観察する。そして、その合図に意味論的ラベル（何を表現しているか）を貼りつけるのである。こうして動物の音声に、「食物コール」「警戒コール」「交尾コール」などの名前がつけられる。**人間の言語と同じように、動物言語は、抽象化された一連の情報コードだと想定された**。暗号の中に情報をシンボルとして詰め込み、伝達する。受け手がそれを解読する。

なぜ動物がそんなことをするのか？

誰でも考えつく説明は、それがその動物種全体に役立つからに違いない、というものだろう。ある生物学者が、動物のコミュニケーションは「複数の当事者が、相互関係の効率を最大にしようとして行う同調的相互交流」である、と定義した。これは、動物のコミュニケーションを「知識は大切」説で説明するものだ。自由に共有できる情報が多ければ多いほど個体にとって有利になる、という説明。

最近になって、この見方に対して、多くの進化生物学者や野生動物学者から、理論的あるいは現実的な疑問が突きつけられている。一つには、**動物の振る舞いや音声の大部分は、何らかの対象を表現していない**ことが明らかになったからである。狼の吠え声、ニワトリのコッコッという鳴き声、ワタリガラスのカアカアという鳴き声などでは、同じ音声が、異なるさまざまな状況で発せられる。**一つの信号が一つの特定の事柄を「意味」しているのではない**。

もっと痛烈な批判的意見が、進化生物学者から提出された。それは、信号の送り手が何らかの直接的な利益を受けるのでなければ、情報としての意味がない、ということである。動物は、現実から遊離して、情報を共有する過程に参画したりしない。彼らが求めるのは、自分の首を守るのに効果のあることだけである。

生物学者たちは、コミュニケーションで使われる信号の背後にある動機を探すようになった。そして、次のことが明らかになってきた。

動物の振る舞いや音声は、抽象的な意味のコードではなく、生物学的な目的と機能的に密接に結合しているということである。人間は、心に浮かんだ観念を示すために、モールス信号のツートンや、手旗信号、アルファベット文字など、適当なシンボルを使うが、犬は、そのようなつくり物を使ったりはしない。彼らは、高度に様式化し定式化した信号を使う。その信号は、仲間の犬がもともとしっかりと備えている特定の感性に対応しており、それを刺激する。

人間の言語では、言葉を構成している音素が、言葉の意味と機能的に直結していることは、ごくまれである。われわれが、バラのことをバラあるいはローズと呼ばねばならない機能的な理由はない。われわれは、バラのことを「グゾルネプラッツ」などと呼んでもよかった。それでも、甘い香りをただよわせる同じものを指すことができたはずである。

一方、犬たちは、コミュニケーションのために、人間のように勝手に音声をつくることもジェスチャーを編み出すこともできない。彼らの「言葉」には、**それを使わざるを得ない確かな理由があるのだ**。その音声を出すことで、要求に添う何かが得られるのだ。人間の言語では「知識が大切」ということを基本にして、言葉に意味を持たせ文法をつくった。犬の「言葉」は、知識とは無関係に**直接に個体の利益**と結び付いている。犬たちは、ウェブスター（辞書）的ではなく、断然マキャベリ（政略）的である。犬のコミュニケーションのスタイルは、シェイクスピアではなく歌舞伎であるのだ。

身振りで会話する

犬には、どうしてもそう振る舞ってしまう、いくつかの動作がある。

咬みつこうとするときは、相手を見つめて、歯をむき出す。自分を守ろうとするとき、耳を後ろに引き、横にまげる。祖先の狼が生きた先史時代、そのことに気づいた頭のいい狼は、群れの中で少し鈍い連中より優位に立ったに違いない。こちらから挑戦するつもりがない強い相手の牙と目つきにいつも注意を払っていれば、その狼の攻撃をかわすことができて、無意味に傷つけられずにすむ。弱い狼が縮こまって目をそらせているのに気づけば、闘う気持ちがなく譲歩しようとしている相手との不必要な面倒に巻き込まれず、喧嘩をせずにすむのである。

無意識に出される合図に、ひとたび狼が気づくと、意識的にそれを使い始める。牙や凝視を脅しの合図だと正確に読みとれる狼は、闘いを回避できる。牙を見せ、ひたと見つめることができる狼は、闘わずして脅しをかけられる。狼が、そして今では犬が使っている様式化した視覚的信号が出現した背景には、上に述べたような、進化途上での信号の送り手と受け手との間のフィードバック・ループが存在したことは確かである。

これらの信号の多くが、狼の群れの優位、劣位をめぐる、きわめて深刻な事情と直接関係している。歯をむき出し、耳を立て、凝視するのは、優位と脅しの信号である。耳を後ろに寝かす、視線をそらす、頭を下げてななめの姿勢で近づく、腹の下に尾を巻き込む、そして、(強力な相手に受動的に服従する究極のジェスチャーとして) 腹を上に向けてころがるのは、服従していること、あるいは敵意がないことを示す信号である。

十分に長い時間をかけて、これらの信号は様式化された。口唇を持ち上げて、牙を見せたからといって、必ず狼が咬みつこうとしているわけではない。その行為が威嚇する意図のシンボルになっているのは、狼の進化のある時点で、ほかの狼がそれを威嚇の表現だと悟ったからである。その信号を読みとれるようになったのは、それまでの狼の進化の中で、牙で咬みつくという、まぎれもない現実が存在したからである。狼が、脅しのジェスチャーとして牙を見せるようになったのは、もともと狼が、基本的な素質として、牙を恐れるという反応を持っていたからにほかならない。

ほとんどすべての脊椎動物は生まれつき、頻繁に遭遇するほかの生物を値踏みする能力を持っている。小さいものより、大きなものの方が危険である。そのため、脅しをかけ、優越性を誇示したい狼は、大きく見せようとする。しゃんと立ち、普通は、抑えつけたい相手の上にまたがり、尾を立て、たてがみを逆立てる。反対に、服従し、恐れおののく犬は、低くうずくまり、自分を小さく見せ、ときには地面にへばりつく。大きく見せようとしている狼は、自分がどれくらい大きく見えているかを知ってはいないし、また、ほかの狼が、本当にその狼を大きいと感じて、だまされているのでもない。このことを認識しておくことが重要だ。これらの動作は様式化されているのである。しかし、これらの様式化された行為が信号として通用するのは、その信号に特定の反応をする回路が、狼に組み込まれているからである。

狼でも犬でも、**服従を示す振る舞い**の多くは、子狼（犬）みたいに見せるのが特徴的。子犬は、自分を恐ろしくないように見せ、小さく見せるさまざまな動作をするが、それらは服従を示す姿勢につながる。そのうえ、特別な要求を示す二つの動作がある。子狼は、食べ物をねだるとき、群れのどの大人（狼）に対しても、相手の口のまわりをなめる。これが刺激となって、大人（狼）は、半分消化された食物を吐き戻すのである。離乳しかかっている子狼は、骨付き肉に自分でかじりつけるようになるまで、吐き戻された食物で空腹を満たす。まだ乳を飲んでいる子犬は、母犬の乳房を前肢で「こねる」ような動作をする。この刺激で、乳汁が排出される。子犬のこれらの動作は、成人狼がアルファにあいさつするときに、高度に様式化された形で再現される。また、犬たちが飼い主に甘えるとき、顔をなめ、前肢を上げて差し出すのにも、疑いなく同じ歴史的背景がある。もともと大人狼は、群れ

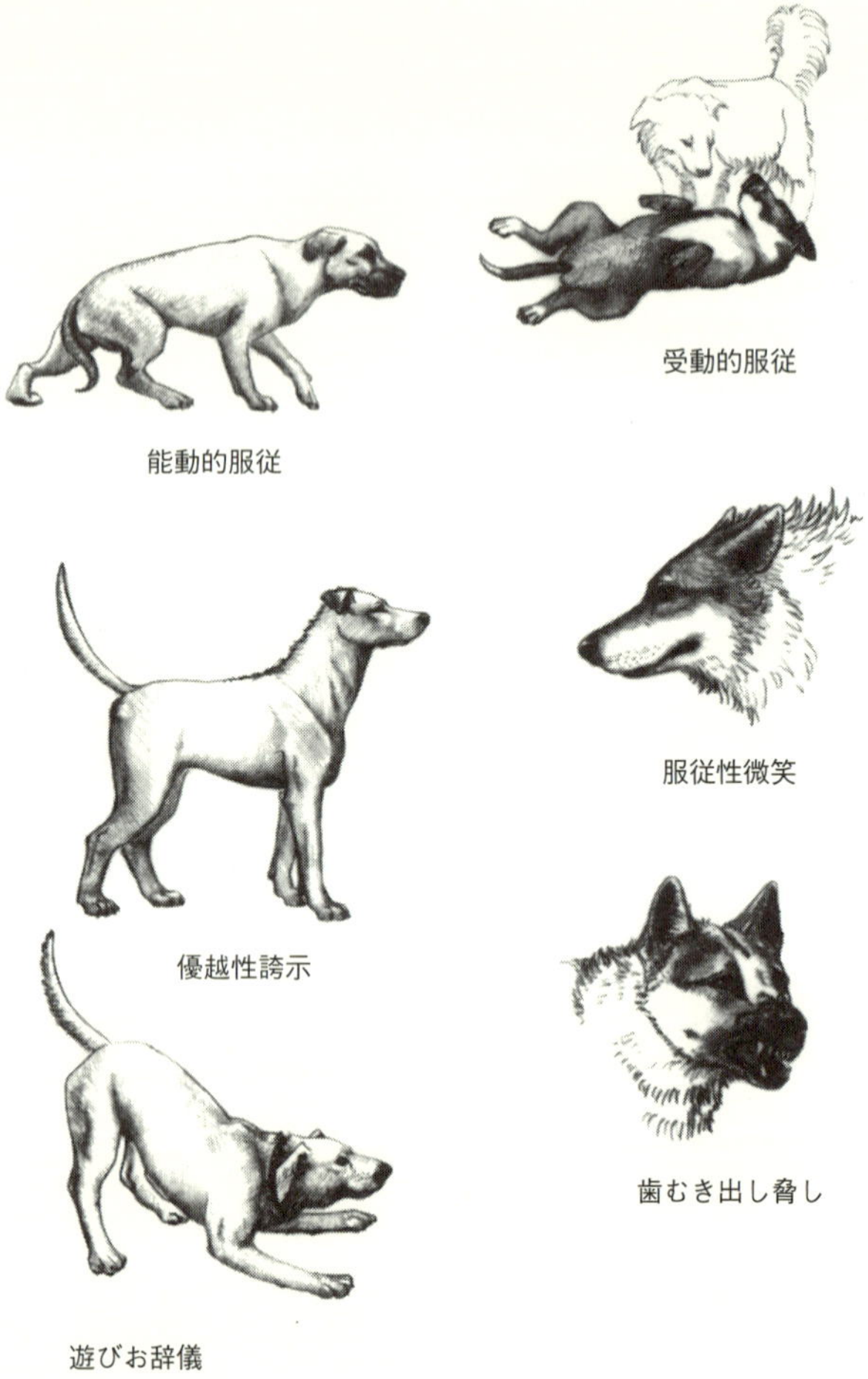
受動的服従
能動的服従
服従性微笑
優越性誇示
歯むき出し脅し
遊びお辞儀

図4　犬のしぐさ

の子狼に対して、きわめて寛容である。たとえ子狼が警告や脅しに気づかず、度を超した挑発行為をしても、咬みつき返すのを我慢する。子狼まがいのエサねだりジェスチャーを様式化した一般的な服従信号は、相手の寛容さを引き出す効果がある。大人狼には、幼若狼のたわいのない悪ふざけを許す本能が組み込まれていて、これが解発されるからである。

つまり、**情報を担う信号は、既存の感覚的、行動的特性を活用して形成されたに違いない**。確かに一部の信号は、進化途上で偶然に生じたものであろう。多くの動物種で、視覚的信号は、大きさの知覚や脅し行為のなごりであるが、犬の尾を振る動作のように、一見したところ筋の通る説明がつかないものもある。しかし、それも、完全に無原則だというわけではない。注意を引く動作であることは確かなので、それが少なくとも一部の起因だろう。振っているときの尾の位置は、当人（犬）の気分と尾の関係の一般原則によく対応している。尾を高く上げて、ゆらすのは優位の姿勢、尾を垂れれば服従を示す、そしてその中間の高さなら友好的気分の表現である（図4）。

「**おじぎごっこ**」は、犬に特有の信号である。犬（狼も）は、遊びの仲間に入りたいときには、前肢をのばして頭を下げたおじぎ姿勢をとる。一般的に、これからする行為を真剣に受け止めてはダメ、遊びだよ、という信号だ。この信号が服従を示す腹ばい姿勢に起源があるのは確かだが、この姿勢をするのは、厳密に特定の状況に限られており、伝えようとする内容も特殊である。そのあとに続く遊びでは、現実の社会的序列とは無関係に、互いに優位や劣位の姿勢を取り合う。優位の犬が、下位の犬に腹を見せて寝ころんで、遊びでかかってこさせようとしたりする。

神経や筋肉の機械的な結合で**偶然生じた信号**もある。神経質な人は、咳払いや、目をぱちぱちしたり、顔をぴくぴく震わしたりする。この場合、それを見た者が特定の反応を返すことはない（ただし、観察者が何らかの判断を下すことはある）。神経質になっていたり、ひどく恐縮している狼と犬は、口角を横に引き、われわれには微笑んでいるように見える形に口をまげることがある。（そのとき歯が見えるので誤解を与えそうだが、犬の「微笑み」は、必ず耳をふせる、おじぎをするなど、ほかの服従姿勢を伴う。牙をむいて脅すときには、口唇の前部を持ち上げて歯を見せる。これは「微笑」をするときには示さない）。しかし、もしこの種の自律神経反射でも、相手がそれによって背後にある気分を正確に読みとることができるなら、それが様式化して、有効な信号になったとしても何の不思議もない。

ところで、しょっちゅう**「笑っている」犬**たちがいる。もともと、本来の服従的ジェスチャーの一つなのだから、飼い主によって容易に強化され、頻繁に大したこともないのに笑うようになる。激しく微笑むからといって、心の優しい従順な犬であるわけではなく、飼い主がその表情を好み、笑うたびに注目して、愛撫し、ほめるからである。それと同様に、誰でも犬にたやすく教えられる、「おて」「ふせ」「あおむけ」、やや一般的でない「はえ」などは、すべて本能的な服従信号である。犬には、これらの行動をする回路が組み込まれている。これらの行動がもともと果たしていた役割を、わずかに横滑りさせるのは、犬にとって難しいことではない。

信号が情報を送る手段として成立しているのは、**送り手にも、受け手にも、その情報交換が何らかの役に立つ**からである。しかし、どのように役立つかは、両者でまるで違うかもしれない。信号の受け手は、送り手の心を読もうとし、一方、送り手は、受け手の行動を操作しようとする。そこで「**はったり**」が通用するのだろう。冷静で、自信のある狼や犬なら、高い社会的地位にあるふりをして、相手にとうてい敵対できないと思わせる。これは、人間社会でも決して珍しい現象ではない。空威張りがまかり通り、はったりが暴力そのものより威力を発揮することもある。ゲーム理論によれば、はったりが許されるシステムであれば有効だ。はったりが、実はそうでない場合もあり、相手をあなどって大敗する破目になるかもしれないからである。通常は信号が信頼できるならば、たいていの場合、その信頼度で、ある程度まではったりが通用する。ポーカーをする人なら誰でも知っているように、絶対にはったりをしない人も、逆にいつもはったりをする人も、同じように敗けてしまう。犬同士の交流を観察すると、誰かがまことしやかに歯をむき出してもそれを無視することもあり、また別のときには、もっとさりげない脅しに道を譲ることもある。ある程度までのさぐり合い、確かめ合いは、日常的になされている。犬の視覚的信号は、現実の社会的行動つまり真実に直接に近似させた（シミュレーション的）振る舞いなのである。

音で伝える

エリック・ツィーメンが、狼とプードル犬の研究で見つけた通り、**犬は、野生の祖先に比べれば、限られた数の視覚信号しか使わない**。その理由の一つは、間違いなく、犬が社会的序列にそれほど関心がないからである。狼の視覚信号のほとんどは、社会的序列を維持する目的で使われる。もう一つの理由は、犬種によって程度は違うが、単なる体型による制限である。いくつかの犬種は、狼のように顔の表情をつくれない。そのかわり、**犬は狼よりはるかに音声を多用する**（これは、吠え声で特に顕著で、後で詳しく述べるが、犬は独特の吠え方を発明した）。

唸り声、クンクン啼《な》き

視覚信号の場合と同じく、狼と犬の音声の出し方と音の性質には、それぞれ、そのように発声する理由がある。ある音声は音響効果の原理に従ってつくられているし、ほかのものは聞かせようとする相手が持っている特定の反応を刺激し、引き出すようにつくられている。地上の生物にとって、大きなものは危険で、**大きなものは低い音を出す**というのは古今の真理だ（この物理学的法則を確認するには、ハンディ・チューバとベースを思い出せばいい）。

おそらく、すべての哺乳類と鳥類は、生得的にこの事実を把握している。それは、小さなものを食う大きなものがうろうろしている世界で、小さなものが生き延びるために不可欠な資質なのだ。

相手を脅そうとする動物が自分を大きく見せるために立ち上がり、たてがみを逆立てるのと似たような効果が、**低いピッチの大きな音**を出すことで得られる。反対に、従順なふりをする動物は、**高いピッチのかすかな音**を出そうとする。

これらが、**意図的な情報発信だとは考えられない**。つまり、音声を出す動物は、自分が情報を伝達していることにまったく気づいていない。動物が求めているのは、自分が出す音声によって生ずる結果だけである。そして動物は、大きな音は脅しだと解釈し、小さな音は危なくないと判断して、そのように反応する。それが生まれつき備わった反応だという単純な理由だけで、その情報伝達が可能なのである。

音声の高さ（ピッチ）とその背景にある生まれつきの反応との関係は、すべての哺乳類と鳥類を通じて同じ傾向を示す。コミュニケーションの一般法則だと思えるほどだ。アメリカヒガラからハヤブサにいたるまで、ポケットマウスからウオンバットにいたるまで、ありとあらゆる動物種で同じ法則が通用する。人間も、普通はまったく無意識に、同じルールに従っている。話をするとき、音声の性質自体は内容と関係がないのだが、われわれは、声の調子を本能的に調節して、友好的、中立的、あるいは敵対的な意志を伝えることができる。キイーキイーという声で脅しても、本気にされない。逆に、赤ん坊に話しかけている自分の声を注意深く聞いてみれば、およそ無意味なことをしゃべっているばかりでなく（そのことは自覚していると思うが）、クリント・イーストウッドの声ではなく、タイニー・ティム（高い裏声で歌う芸人）の声の調子でやっていることに気づくはずだ。

犬たちはほかの動物の手本になれるほど、この原則に忠実に従っている。唸り声は恐ろしげな低音で、明らかに脅しとわかる。クンクン啼きは高音で、譲歩と従順さを示す。われわれは普通、野鳥、カンガルー、ネズミ、ウオンバットが、唸ったり鼻を鳴らしたりしていると思っていない。しかし、野鳥の音声を録音し、スピードを半分に下げて聴いてみると、気味が悪いくらい、犬の唸り声や甘え声に似ている。

人間の認識能力の起源を、動物に求めるのに特に熱心な研究者たちがいる。彼らは、動物の音声が人間の言語と同類だという考えに固執している。つまり、意味を伝え合うための共同作業だというのである。動物のコミュニケーションについて彼らが信奉するのは「知識は役立つ」説。それ以外には「苦痛の叫び」学派しかない。動物の音声はひとりでに出てしまう意図的でない雑音（「苦痛の叫び」）にすぎないか、あるいは、人間と同じ言語かの、二者択一をせまるのだ。

しかし、動物の信号の根底にある利己的性格を見つけようとする進化論的研究によれば、動物の音声は、意味論的情報共有システムとまではいかなくても、**苦痛の悲鳴よりは、はるかに高度な洗練された営み**である。ユージン・モートンは、ワシントンD.C.国立動物園の研究員で、多くの動物種の音声を広く調査し、唸り声とクンクン啼きが各動物に共通して存在することを、最初に発見した。彼は、大切なのは音声が何を指し示しているかを探すことではなく、音声がどのような結果を生むかを見とどけることだと主張する。唸り声にも、クンクン啼きにも、それを発する動機があることは否定できないが、犬が唸るのは、その声が有効だからでもあって、唸られた相手の犬は、しばしば、後ろに下がるのだ。犬がクンクン啼きをするのは、そうすれば惨事にはなりにくいからだ。

クンクン啼きも、唸り声も、声の大きさと高さはさまざまである。**音の高さが、事態が切迫している度合いを示す**ことは容易に推察できる。事態が緊迫すると、クンクン声はヒイヒイ声に、唸りのウーウー声はガーガー声に変わる。犬も狼も、クンクン、ウーウーをさまざまな状況で使い分ける。子狼は、ひもじくなったり、寂しくなると、ヒイヒイ声を出す。母狼も、子狼を巣に呼び戻すときには、まったく同じ音声を使う。雄狼のクンクン啼きは、交尾を受け入れてくれる雌を誘っている声である。犬は何歳になっても、目上に脅されるとクンクンという。音声の調子のわずかな相違に、それぞれ意味を持たせるのは、無益で、誤解を生む恐れがある。特定の種類のクンクン声が、「食べさせて」とか「寂しいよ」とか「お帰りなさい」とか「そうだ」とか、それぞれ別の表現をしているのではない。クンクン啼きは、非敵対的な状態にあることを示し、相手が非暴力的に接してくれることを求めるときには必ず使われる。同様に、唸りは、他者を後退させる目的があれば必ず使われる。犬を呼ぶときには高い声を使い、「ふせ」（またはダメ）と命令したり叱ったりするには低い声を使う方が、その逆の使い方をするよりはるかに有効なのは、そのためなのだ。

時々は、クンクン啼きがかすれて甲高い唸り声に重なり、高音の悲鳴のようになる。これは、犬が極度な恐怖に陥って、恐ろしさのあまり咬みつく寸前の状態になっているときである。二つの強烈な感情が重なり合っているのだ。

犬や狼の遠吠えは、何のため？

犬や狼の遠吠えの音声には、唸り声やクンクン啼きがさまざまな衝動に由来することとはまったく異なる背景がある。犬と狼の遠吠えは、音の高低がなめらかに変化した**メロディー**になっている長い音声である。したがって、唸り声や、クンクン啼きの方式の枠組みに入らないのは当然である。そのうえ、環境の音響条件と密接に適合するように、音のスタイルを変えたのが遠吠えだ。
　音を遠くへ飛ばしたいとき、樹木や葉など、音を吸収する物体は障害になる。異なる樹木は、異なる高さの音を吸収する。高音と低音の間を幅広く変わる音声は、さまざまな環境条件の中で、単独の音程の音より遠くに届く割合が高い。狼は、さまざまな状況で遠吠えをするが、いつの場合でも、**遠くの相手と交信する**のが目的である。狼は、離れたところにいる仲間と交信したいとき、あるいは再会したいときによく遠吠えをする。狼同士、互いに遠吠えの声の主が誰なのかわかる。人間の研究者でさえ、遠吠えの声をたよりに特定の狼を追跡できるし、はっきりと違う声を聞き分けて、狼の頭数を調べたりする。一頭が遠吠えすると、往々にして、誘われて反応する狼が現れる。彼らは、なわばりの端で遠吠えするらしい。唸り声やクンクン啼きと同じように、遠吠えは、さまざまな内容の、いろいろな文脈で使われる。「おまえら、こっちだぞ」「どこにいるんだ?」「出ていけよ」「こっちへ来い」などを伝える。遠いところまでその存在を知らせたいと思うときは、いつでも、遠吠えをする。そのことは、群れのメンバーの位置をつかみ、競合する他の群れの誰かが侵入してくるのを防ぐ意味もある。

　犬は、狼ほどには遠吠えをしない。まったく遠吠えをしない犬もいるが、中には、飼い主が困り果てるほど、火災警報や、ピアノの伴奏で歌う「歌のおばさん」に反応して遠吠えする犬もいる。

このことについて、ありとあらゆる奇妙きてれつな説が、犬の書物に登場する（犬は、大きな騒音に出会うと耳が傷つき、その苦痛で大きな声で鳴くのだという、でたらめだが広く信じられている説もある）。もっと単純で確からしい説明は、遠吠えは狼から受けついだ行動の痕跡だという説。遠吠えに似た音がすると、遠吠えが誘起される。犬が、火事のサイレンを聞いて何だろうと思い、ほかの犬が居所を知らせているものと考えるのかもしれない。犬が、「歌のおばさん」に合わせて遠吠えするのは、たぶん、狼のもう一つ別の行動のなごりであろう。まだ理由はわからないが、狼の群れは定期的に合唱する。野生状態では、この合唱は、たいてい、朝や晩に移動を始めるときに行われる。この時には、若い狼や劣位の狼がかけまわって、優位の狼の顔をなめるという、一種の集団あいさつの儀式がとり行われる。一頭の狼が遠吠えを開始し、すぐさま全員が唱和する。この話は、狼についての通俗的な書物には、狩りに出発する前のおたけびだと書かれている（もっと神秘的な意味合いで記述されていることも珍しくない）。

しかし、エリック・ツィーメンによれば、違う場面でも同じように出現するという。共通なのは、合唱は必ず目覚めて起き出したときに始まること。ツィーメンは、合唱が群れの**団結力の強化**に何か役立っているのだろうと示唆している。言い換えると、「歌のおばさん」も家族の一員だと、家庭犬には思われているということだ。

しかし、普通、犬たちは、団結しにくい。これが、犬があまり遠吠えをしない理由であろう。一頭の犬が遠吠えをしても誰も応えてくれないと、遠吠えの意味がなくなる。また、狼の遠吠えの背後にあるような切実な目的は犬にはなく、なわばり意識も低い。

とても役立つ吠え声

ワンワンと吠える

狼の子は、ワンワンと吠えるが、大人（成狼）とコヨーテは、めったにワンワンといわない。捕獲された狼の数千の音声を調査した結果によれば、ワンワンという吠え声は音声の2・5％にすぎなかった。狼はワンと一声鳴いて、長い間をおく。

犬は、すぐワンワンと吠える。そして繰り返す。犬は、狼なら絶対に吠えないような場面、例えば遊びの最中でも吠える。レイ・コピンジャーは一度、家畜の番犬が七時間休みなく吠え続けるのを観察した。バー・ハーバーの研究によれば、よく吠えるかどうか何回吠えるかには、犬種間で差があるという。またこれらの性質には、明らかに遺伝性があり、たがいに独立して遺伝するようだ。吠えの記録保持者は、コッカー・スパニエルで、一〇分間に九〇七回、一分間に九〇回以上ワンワンと吠えた。バセンジーは両方の得点が最低で、シェットランド・シープドッグとフォックス・テリアがその中間であった。ビーグルは、吠えやすさはコッカーに匹敵するが、ワンワンの回数は少ない。

吠え声のワンワンは、音声としては音程も音の形も、唸り声とクンクン声の中間である。クンクン啼きは高音の純音で、やや高く上がって急に下がる。唸り声は低音で、音声的には耳障りで雑音っぽく、多くのさまざまな音程が入り混じっている。吠え声は中間の音程で、いくらか雑音っぽいが、音程が上がって下がる特徴がある。

ユージン・モートンによる多数の動物種での音声の研究によれば、**吠え声は極端な攻撃性と従順性の表現のちょうど中間の機能**を果たすという。狼では、ほかの動物種と同じように、吠え声は相手がはっきりしない場合の警戒信号である。何かを見つけて、どう対処したらいいか判断がつかない場合に、狼は吠える。実際には、行動を起こすまでの時間かせぎである。向こうにいる何者かに、「おまえを見たぞ」と知らせ「こっちは何もしていないが、ここにいるんだぞ」と教える手段である。歩哨が「誰かっ」と叫ぶのとまったく同じ。攻撃をしかけてはまずい相手に、準備もなしに攻撃的に唸ると面倒なことになる。歩哨が引き金に指をかけただけなら、単なる脅しですむ。反対に、何だかわからない相手にクンクンと啼くのは無条件降伏で、なさけない戦略だ。

狼の、ウフという声は、アメリカコガラのチーチーという声と同じように、群れの仲間への注意信号である。吠え声は、場所を知らせるのに適した音声で、何か疑わしい音や動きに反応して一頭の狼が「ウフ」と吠えると、多くの仲間が危険そうな対象に注意を集中する。「ウフ」に反応して警戒態勢に入れるので、群れのメンバーにとって有利である。そこで、多くの動物行動学者はこれまで、吠え声を警報音声と位置づけてきた。しかし、多くの野鳥のいわゆる食物音声、接触音声も、音響的には吠え声である。したがって、これら全部を単純に、さまざまなものを知らせる「注意音声」と呼んだ方がよさそうである。

漫画家のゲイリー・ラーソンが、この問題をみごとにとらえている。郊外の道路を、実験衣を着たひげもじゃの男が、電子装置を林立させたヘルメットをかぶって歩いている。「シュバルツマン教授は、イヌ語解読装置を開発し、犬が吠えているのを聞いて、何を言っているかを理解できる世界最初の人類になった」背景には、車を追っている犬、前庭で座っている犬、教授の後をついて歩く犬が、口をそろえて、解読された英語を発声している。それは……「ヘイ！ヘイ！ヘイ！ヘーイ！ヘイ！ヘイ！ヘイ！ヘイ！ヘーイ！ヘイ！ヘイ！」

犬は吠え声の名人

多くの動物種が吠え声をさまざまに利用するが、なかでも犬は名人である。正確に言うと、攻撃・

恭順を軸に判定すると、吠え声は中立無色だから、多くの働きを持たせられるのだ。

バー・ハーバーの実験では、よく吠えるコッカー・スパニエルと、比較的無口なバセンジーを交配した。その結果、次のことがわかった。よく吠えるかどうか、吠え続けるかどうかは、高い遺伝性を示し、性成熟直前の若者犬の期間が欠損していることによると考えられた。犬の吠え方は、成狼よりずっと子狼に似ていた。犬は、空腹だったり、退屈したりすると、吠える。家に入りたくなると、吠える。家から出たくなると、吠える。ほかの犬が骨を持っていると、吠える。フリスビーが棚にひっかかって取れないと、吠える。飼い主が帰宅すると、郵便配達人が道路に入ってくると、吠える。そして、泥棒が家宅侵入しようとしても、吠える。犬が吠えるのに費やすエネルギーは莫大で、その行為で得られる利益はとてもそれに追いつかない。このことだけでも、犬が吠えるのは何かの目的に適った、意図的な適応的な行為とは言えないことがわかる。それはちょうど、狼から犬になるときに、遺伝的混線が起こり、フロッピー・イヤーやぶちの毛色などが出現したのと同じように、おおむね無意味な、突如として現れた素質だと思われる。

しかし、犬の音声レパートリーの一種として吠え声がひとたび登場すると、吠える理由が何であろうと、時に応じて使わない手はなかった。

吠え声には、最初からとりたてて深い意味はなかったので、何の社会的制約も受けなかった。だから、新たな状況に対して吠え声を発することができた。われわれ人間が、意識的にも無意識的にも、

何でも特定なものを対象にして吠えるよう犬に教え込むことは、信じられないくらい簡単なのであるが、それは、疑いもなくこのような理由からである。

犬は、ある特定の経過で吠えれば、食物をもらえる、散歩に行ける、フリスビーで遊べる、などのごほうびが与えられることを、いとも簡単に学習する。犬に命令して、「話させる」のは、理論上やさしいこと。むしろ、非常に幼いうちから訓練しないと、黙っているようにしつけるのは、きわめて難しい。これも同じ理由による（多くの訓練士は、「**静かに！**」という命令で子犬が一定時間黙っていられればビスケットを与え、次第にその時間を延長していくことを勧めている）。

吠え続ける犬を黙らせようとする飼い主が、不本意にも、**やめさせるどころか、吠え続けることを助長する羽目に陥る**ことがある。典型的には、次のような場面である。表のポーチに出されていた犬が、中に入れてもらいたくて吠え続けているのを、飼い主が一五分間もほったらかしにしておき、最後に我慢できなくなって家に入れる。そこで犬は、長く吠え続ければ望みが達せられることを学んでしまう。犬が郵便配達人に吠えるのは、飼い主の意図と関係のない、報酬による強化という古典的な学習の例である。犬は実際に、その行動で繰り返し報酬を与えられるのだ。自分の領分だと思い込んでいる場所に、郵便配達人が侵入してくる。そのたびに、犬は吠える。続いて、郵便配達人は郵便物を残して立ち去る。犬は、自分がひと仕事成功させたと思うわけだ。

犬たちは、新しい状況で自由に吠え声を使ってみる。その結果、彼らは、**吠え声は打ち出の小槌だ**

と信じ込む。こうして、犬は吠えるための新しい理由を、いくらでもつくり出していく。歯磨きや、水洗トイレの音がすると吠え始めるシェットランド・シープドッグの例は明らかに極端。しかし、われわれにとっては、吠えた後に起こることとの関連がとんでもなく奇妙に思える場合でも、犬たちはみごとに関係づけてしまう。私の飼っている一頭のボーダー・コリーは、次に示す一連のできごとを識別し、今や、きちんと自分の役柄を演じている。飼い主が電話で話し始めて犬を無視する→会話の調子で電話が終わりそうだとわかる（「お電話ありがとう」とか、「じゃ、また」とか言う）→犬が吠え始める→飼い主が受話器を置き再び犬に注目する。

自分の行為によって何らかの結果が生じたと思い込む点で、犬には驚嘆させられる。長く吠えれば吠えるほど、その間には、いろいろな何かが起きるのだ。

進化論的に見ると人間の言語の単語は、犬の吠え声と同じで、脅しの唸り声と従順なクンクン啼きの感情軸の上では、音声構造上、無色であることが注目される。ほとんど例外なく、世界中の人間の言語における単語は、**打撃音の子音と母音の混ぜ合わせ**でできている（最近の研究によれば、子音と母音は、それぞれ脳の別の特定部位で処理される。これはおそらく、**唸り声に似た声とクンクン声に似た声を区別する能力**が、きわめて古くから存在していて、生存に不可欠な特性だったことを反映しているのではなかろうか）。この二つのタイプの音を組み合わせると、その一つひとつが持っている感情的な特性が、一時的に中和されるのである。おそらくこうして、もともとの**感情表現的特性を音声から除去した**ことによって、単語が物を指し示すという意味論的体系が進化し始めたのだろう。仮に、「なす」とか「アフリカアリクイ」などに感情的な意味があり、口にするたびにパンチを喰らうようでは、コミュニケーションどころではない。吠え声は、単語ではない。しかし、原始単語、あるいは原型原始単語のたぐいなのだ。

犬は単語の意味を理解できるのか？

訓練を受けた犬なら、人の話から一ダースくらいの単語を聞き分けられる。そこで、犬が、これらの単語の意味を、実際に理解しているのではないかと思いたくなるのは当然である。しかし、犬のコミュニケーション・システムには、意味論的性格はないから、その可能性はまずあり得ない。

犬は、特定の音に特定の行為を結合させる。しかしこの結び付きは、往々にして、われわれが考えもつかない文脈による些細な手がかりによるのかもしれない。このことを証明するには、犬がよく知っている命令を電話で与えてみるといい。犬が実行したいと強く望んでいる命令でさえ、人間のボディ・ランゲージを伴わないと、しばしば無視される。私が飼っている犬の一頭は、おそらく、三〇個の命令を理解している。ふせ、こい、もどれ、あるけ、すわれ、まて、フリスビー、ハウス、二階へ、どきなさい、ちょっとごめん（エクスキューズ・ミー、ドアの前に立ってじゃましているとき）、などである。ところが、ドアの前ではない場所で「エクスキューズ・ミー」と言っても、彼は私を不思議そうに見つめるだけである。私たち人間と違って、これらの単語を聞いたときに、犬の心に、何かの対象物や行為のイメージが浮かんでくることはないと考えるのが妥当である。

　人間と人間以外の動物との間には連続性があるが、大きな断絶の一つが、**人間だけが言語を持っている**という点である。人間の子供は、物の名称を学び始めるやいなや、それを使うこと自体に喜びを示す。それが欲しいわけでなくても、何かを指してその名称を口にする。この場合、自分が思っている物を、自分以外の人も、共通に注目していることがうれしい、という以外に何の理由も考えられない。コンピュータ画面の標識あるいは手話を使って文章をつくる訓練を受けたチンパンジーでさえ、食事、おもちゃ、注目を要求するときには、ほとんど必ず叫び声に近い音声を発する。これらの動物が、概念に対応するシンボルを独自に認知している証拠はない。そうではなくて、彼らは一連のシンボルを操作して特定の結果にたどりつく方法を学習したのである。確かに犬は、名前を呼ばれればこちらを見て近づいてくることを学ぶ。しかし、その音声が自分を意味しているという文脈で、呼ばれた名前が自分であるという認識を持っているという証拠は、そのかけらさえもない。

人間の母音を聞き分けられる不思議

しかし、そうであるなら、犬が人間の言葉の単語を聞き分けるというのは奇妙に感じられる。ロシアの口頭伝達学研究者によると、犬はオーディオ・シンセサイザーで作成した母音の「アー」と「イー」を聞き分けるという。たとえ基本音程を変えても、犬はいともたやすく聞き分けた（パブロフ流の条件反射の学習で、「アー」の音で左肢を「イー」の音で右肢を上げるように、犬を訓練できた）。犬は、往々にして、子音を一つ入れ換えただけで混乱する。試しに、「ライ・ダウン（ふせ）」の代わりに「フライ・クラウン」と言っても、犬はたぶんまったく同じように反応する。先駆的な比較心理学者ロイド・モーガンは百年前に、次のような観察記録を残した。「私がウイスキーというと、飼い犬のフォックス・テリアは、すぐ立ち上がっておねだりをした。それは飼い主である私と同じ悪癖にはまっているからではなく、ウイスキーとビスケットに共通するイスクという音に彼の耳が同じ価値を見出したからだ」しかし、母音を聞き分ける能力は、音の基本周波数と共役振動数の正確な検知が必要である。犬は、自分では母音を発声しない。それなのに、**どうやって人間の発する母音を聞き分けるのか？**

犬が人間の母音を聞き分けるという、このありがたい状況のなぞを解くかぎは、話すことより耳の方が先にあったという、ありふれた単純な事実である。哺乳類の耳は、数千万年前から存在し、しかも、すべての動物種でほぼ同じものである。しかし、人間のおしゃべりは十万年そこそこの歴史しかなく、しかも、人間の声帯は独特で、ごく最近になってから発達した。人間だけが、会話の音声を合成することのできる発声器官を持っている（もっとも人に近いチンパンジーに話をさせようという試みは、すべて失敗している）。だから、人間の声帯が進化する際に、ほかの目的のためにすでにはるかに古くから進化していた耳が感じやすく、聞き分けやすい音を出すようになったのは驚くに当たらない。

耳が、会話を聴くために調整されたのではない。人間の会話能力の方が、耳に合わせて調整されたのである。人の耳も、犬の耳も、もともと人間の言語を聞くこととはまったく関係のない、共通した多くの存在理由があったのだ。人類の歴史の大部分では、言語などは存在しなかった。

犬と狼が、母音の差異を聞き分けるのに役立つ微少な周波数特性に特に対応できる一つの理由は、その周波数特性が母親を認知するうえで重要だからである。成狼と子狼が巣の中で発する音声を記録し分析すると、成狼が巣に入るときに子狼に向けて発するクンクン音声の基本周波数は、狼同士で互いに重複しないことがわかった。だから、狼の個体の声は、それぞれ聞き分けられている。少なくとも、音程を聞き分けられるくらい鋭い音感の持ち主の狼なら可能なのである。

イヌ科の動物、そして事実上すべての哺乳類が、異なる母音の違いを決めている些細な周波数特性を鋭敏にとらえられるようになったのには、第二の進化的な要素の助けがあった。母音の違いは、のどから出す音声の基音に伴う倍音のでき方に大きく依存している。音声管は、実質的には一連のフィルターで、のどから上がってくる音声に含まれるさまざまな倍音を選択的に増幅したり、除去したりする。その結果、特徴的な一連の周波数の振動を持つ音ができる。音声管から出てくる音の、エネルギーのもっとも大きな振動と、二番目のエネルギーを持つ振動の二つの共鳴音周波数（音響学的には**フォルマント**という）の関係が、特定の母音として聞き分けられる音特性を決めるもっとも重要な要素である。

フォルマントはまた、おしゃべりより歴史の古い識別能力でも決定的に重要な役割を果たす。われわれはすでに、大きな物体は低い音を出すという物理法則について語った。もちろん、それが通用するのは一定限度までであるが。それは、一頭の動物が、唸り声もクンクン声も出せることからも明らかである。ハスキー声の男は、ウラ声で話す。女性、あるいは野ネズミにとって、低音を出すのは楽ではない。しかし、それでもすべての哺乳類の動物種は、さまざまな音程の音声を出せる発声装置を備えている。**大きな動物が、小さな動物まがいの音声によって相手をだまし**、また、その逆もある。音声管にはかなりの個体差もあるため、違う音程の音を発することができる。しかし、変化させたり、ごまかしたりできない音特性がひとつある。それがフォルマントである。

犬の音声管の長さと、その音声のフォルマントの周波数との関係を調べたところ、その時々の状況で、フォルマントの基本周波数が違っても、フォルマントとフォルマントの間隔は、ほとんど体の大きさで決まることがわかった。大きな犬ほど、音声管は長く、フォルマント間の間隔は短い。そこで、フォルマントの間隔を検出できれば、その時々の気まぐれで出したり、ごまかした声であっても、誰であろうと発声者の体格を正確に特定できるのである。フォルマント間隔は、体格および母音検出の両方の基礎的材料である。したがって、犬が母音の違いを完全に聞き分けられ、「シット」と「ステイ」の違いをたやすく聞きとれる理由は、結局、まわりの世界に生息する動物の大きさを文字通り「測る」という祖先の能力に依存しているのである。

におい

大きな進化の度合いで見れば、犬は、文字を発明した人間とは比べものにならない。しかし、地球上にあまねく存在する**残存性信号**を使った、もう一つのコミュニケーション手段では、はるかに人間にまさっている。それは、においによるコミュニケーションである。

視覚と聴覚信号は、個体の特性、存在地点、直近の情動状態、意図についての豊富なデータを提供する。しかし、その信号は一瞬で消失する。個々の犬から放出されるにおいは、それぞれ独特である。

そのうえ、環境中にかなり長時間残存する。デイビッド・メッチによる、狼のにおいづけの研究によれば、狼は二三日以前の尿マーキングを検出すると言う。科学者を持ち出すまでもないことだが、メッチは、雄狼の糞が強力なにおいの源であることに注目した。糞は、マイナス一八℃の条件で一〇メートル離れていても、人間がたやすく見つけられるほど強くにおう。

狼と犬の、尿とにおい腺の分泌物には、個体特性がある。性経験のある雄犬は、発情している雌とそうでない雌を、尿と膣分泌物でかぎ分けられる。狼は、違う日付の尿マークに対して異なる反応をするので、いつ頃マーキングしたかという重要な情報をかぎ分けていると、メッチは結論した。

誰が、いつ通ったか、それが発情した雌かどうかは、犬にとっても、狼にとっても、世界の現状を知るうえでの重要な情報である。普通は、「相手」が、自分を宣伝するためにやっている。狼が苦労して尿や糞を配達してまわる様子を見れば、それが狼の進化に適応的な行動であることは明らかである。動物の世界で決して一般的な行為というわけではないから、狼の進化において特別な意味のある行動に違いない。そもそも、膀胱という器官は、それがないと尿をたれ流すことになり、跡をつけてくる捕食者に居所を知られてしまう。それを防ぐために膀胱は進化したに違いない。膀胱に尿をためれば、連続的に尿がもれ出すことはなく、人目につかない都合のよい場所で一気に排出することができる。哺乳類の多くの動物種は、この手段を踏襲した。例えば、アカゲザルは通常目覚めたときに膀胱を空にし、その後一七時間排尿しない。狼の群れのメンバーは、通り道の目立つ場所、特に交差点で糞をするけれども、ときには自分の嗅覚メッセージが殺し屋に届くのを防ごうとする。一匹狼は、往々にして、糞をするために道をそれる。おそらく、探知されるのを避けるためであろう。犬は、隠すべき物は何もないから、そんな配慮は示さない。

糞も、尿と同じように排泄した主がわかる。糞を出すときに、しばしば、肛門腺という奇妙な器官から分泌物が放出されるのである。肛門腺から放出されるにおいに、あの有名なスカンクのにおいのような、防御あるいは警戒などの特別な役割があるという証拠は乏しい。犬のさまざまなにおいの誘引作用について、幅広く調査していた研究者たちが、犬を押さえつけていてとんでもない体験をしたと記している。神経質になった犬が、肛門腺の分泌物を研究者の顔にまともに放出したことが、二、三度あったという。小型犬の飼い主は、肛門腺には苦労させられる。特に小型犬種は肛門腺がつまる傾向があり、お尻をこすりつけて放出しようとする。飼い主は、しょっちゅう手で中身を押し出してやらねばならない。私の同僚の一人で、クランバー・スパニエルの飼い主は「犬の肛門腺を空にするのに失敗したときより、もっとひどいのは、実はうまく押し出したときだ」と語っていた。

犬同士が初めて会ったとき、**お尻のにおいをかぎ合うという儀式**をする。これは、相手の独特のにおいと当人（犬）とを対応させるためで、いわば、名前と顔を一致させ、あとでまた偶然そのにおいと出会ったとき、誰だったかがわかるのである。われわれ人間は、においをかぐことには鈍感で、犬が残すにおいの役割に、やっと気づき始めたところである。

5章 百万種類の香りに満ちた、二色刷りの世界

人間は視覚を主要な感覚としている動物だ。

視覚以外の感覚を中心にして生きるのは想像するのもむずかしい。

ずっと昔に見た光景も、たった今見た世界と同じように、画像として目に浮かぶ。

われわれの夢は、さまざまな映像であふれている。現実ではないのだが、確かな視覚的イメージで。

どこで、誰が、何を、と具体的に思い浮かべるときはもちろん、まったく抽象的な話を考えるときでさえ、われわれ人間は視覚的な形とその相対的な位置関係を頭に描く。

断片的なメロディーや、ただよってくるにおいも、記憶を呼び起こす。しかし、音楽や香りは人間の記憶データファイルのごく一部を占めているにすぎない。また、音やにおいを基準にしてものごとを区別し、記憶することもない。

しかし、犬とその他の多くの動物たちは、目で見るのと同じ程度で、においをかいでものごとを理解し、記憶し、自分の住む世界を知覚しているのだ。

犬の頭の中の地図には、**においの道路と、においの時間経過、においの空間配置**がきちんと整理されている。そこでは、見えないものが生き生きと動き、見えるものはむしろくすんで、ぼやけている。人間がもし、犬の目を通して見るなら、まわりの世界と自分をつなぐもっとも大切な輪がはずれているような気がして、動転するに違いない。つまり、いくら凝視して焦点を合わせても、細部がぼけて、珍妙に変色した、色あせた世界が出現する。それとまったく同じように、犬がもし人間の鼻でにおいをかいだときには、呆然とするだろう。

しかし、犬は単なるデカ鼻のおバカさんではない。

借り物の目で見たり、とってつけた鼻でにおいをかいだりしようとするとき、目や鼻を移植しただけではダメで、脳も取り替えねばならない。

感覚器から神経を通じて脳に送られる信号については、多くの研究がなされている。目から大脳皮質にいたる神経経路の中継点には、網膜に配列した個々の光受容器が興奮する様子を集計して、線、形、動きなどを知覚するための情報処理をする神経細胞がある。

完全な知覚のための最終的なデータ処理は、脳で行われる。異なる動物種の間で、嗅覚能力には大きな差があるが、その差は、鼻の嗅覚細胞の数よりはむしろ、脳を含めた嗅覚に関わる神経の数が大きく異なることによる。だから、においをかぐのには鼻以外の関係部位が重要なことがわかる。立派な鼻を持っているということは、単に鼻がきくというだけの話ではないのだ。これは心も違うこと意味する。人間が生活したこともなく、感じとったこともない、言葉では表現できないような、別の知覚世界に宿る心を持っているということなのだ。

犬と人間は、同じ目で見、同じ耳で聞き、同じ鼻でにおいをかいでいるのではない。人間と犬は、一心同体になれないことがあるが、これが、少なくともその一部の理由である。

犬の見ている世界

動物間で多少の違いはあったとしても、世界は同じように見えていると人間は思いがちである。それは、誰でも英語をしゃべると決め込んでいるアメリカ人旅行者に似ている。日常、われわれは、光が目に見える像になる過程について、ほとんど考えることはない。われわれは、自分が見ている像が現実だと思い込んでいる。めがねをかけている人でさえ、そう思い込むことがある。めがねは、焦点を合わせて物体をそのように見せているのだ。会社役員の経営セミナーでよく行われる、異文化対応戦略のロール・プレーイング・ゲームと同じやり方で、仮に対異種動物戦略ゲームをやるとしよう。最初の課程で、受講者は床にぶっ倒れて泡をふくこと間違いなし。チワワの視野から考えて、彼らの世界がわれわれ人間と違うのは当たり前だ。

近くの物体の細部を識別するために**焦点を合わせる能力、および明暗を見分ける力**は、犬と人間とでは大いに違う。その違いの中には、たいした意味を持たないものもあるが、現実を把握するうえで極端な差をもたらすものもある。

人間の目の、もっとも際立った特徴は、並はずれた「**遠近順応**」機能である。正常な眼の水晶体は、そのままで、遠方から来る光（カメラのピント合わせで無限遠に当たる）が網膜にシャープな焦点を結ぶように、適当な厚さと曲率（例えばラグビーボールの長軸先端部分の曲率は大きい）を持っている。もし、その状態のままで水晶体を調節できないとすると、近くにある物体から来る光は、網膜よりはるかに後方で像を結ぶ。その結果、まぶしくぼけた像が、網膜の光受容細胞に浮かび上がる。しかし、筋肉が無意識的に調節して水晶体を厚くし、曲率や曲面のカーブが変わり、近くの物の焦点を適正に網膜に合わせる。幼児の場合、水晶体の調節幅は一四ディオプターに達する。無限の遠方にある物でも、顔の前一〇センチ以内にある物でも見えるほどの能力である。ディオプターは、水晶体やめがねの能力を示す光学単位。比較のために例をあげると、一四ディオプターのめがねでは、コーラのびんの底くらいの厚さになる。近視のめがねは、普通一〜五ディオプターである。

犬の遠近順応能力は低く、二、三ディオプターにすぎない。**つまり、七〇センチメートル以内にあ**

る物には焦点が合わない。もっと近い物は、ぼんやりとしか見えない。犬が近くの物のにおいをかいだり、さわったりするのは、このためである。目の前の物体はよく見えないのである。

遠くの物の像が網膜より後方で結ばれるのが、遠視である。普通は、無意識的な遠近順応でこの焦点ぼけを修正するので、遠くの物はよく見える。しかし、近くの物を見る視力は低い。逆に、遠くの物の焦点が網膜より前で合うのが、近視である。この場合は、めがねを使わないと、遠くの物はいつでもぼやけて見える。遠近順応は、水晶体を厚くする方向に調節することしかできない。だから、近視の厚過ぎる水晶体を薄くするのは不可能で、焦点を後ろに下げるには、どうしてもめがねが必要だ。犬の視力検査をしたところ、**一部の犬種は近視**だという、驚くべき結果が示された。クリストファー・J・マーフィー獣医師その他による二〇〇頭余りの犬の視力検査によると、全体の平均値は、ほぼ正常に近かった。（屈折誤差は四分の一ディオプター程度で、人でもめがねの必要がない）。狩猟犬種の中の、チェサピーク・ベイ・レトリーバー、ゴールデン・レトリーバー、ラブラドール・レトリーバー、コッカー・スパニエル、スプリンガー・スパニエルは、平均して、やや遠視だった。一方、ロットワイラーの三分の二、ジャーマン・シェパードとミニチュア・シュナウザーの半数が、かなりの近視で、一・五ディオプター以上の強度だった。近視のロットワイラーは、平均三ディオプターの強度だった。人間では、普通〇・七五ディオプター以上の近視だと不調を訴えるので、日常生活に支障を来さないためには、めがねかコンタクトレンズが必要である。

右に述べた調査はすべて、ペット犬で行われた。興味深いことには、マーフィーたちによる別の検査では違う結果が得られた。カリフォルニア州サンラファエルの盲導犬センター（ガイド・ドッグズ・フォー・ブラインド・イン・サンラファエル）のジャーマン・シェパードは、平均して正常視力であり、三分の一が〇・五ディオプター以下の近視だっただけであった。

このセンターの盲導犬プログラムでは、盲導犬候補を選抜するのに、特に視力検査は実施していない。しかし、訓練中に成績がよくない犬は振り落とされる。近視だと盲導犬としての業務遂行に支障が出て早めに脱落させられたために、結果として盲導犬に近視がいなかったのかもしれない。狩猟用犬種は平均的に遠視だったが、遠視の犬が狩猟に向いていて、狩猟能力によって選抜した結果なのであろう。人間では、極度の近視の家系があることが知られており、近視には遺伝的要素があると思われる。カーペットの上で寝そべっていればよく、歩くときは引き綱に引かれ、夕方にドッグフードの入った食器を見つけて食べるほか何も仕事をすることを期待されていない犬種では、よい視力を維持する方向への選抜はほとんどなされない。したがって、遺伝子プールに近視がまぎれ込んでいるのは当然だ。

全体の視野および側方視力についても、犬種間ではっきりした違いがある。

人間は、まっすぐ前を向いたとき、およそ一八〇度の視野がある。左右の眼の視野は、かなり重な

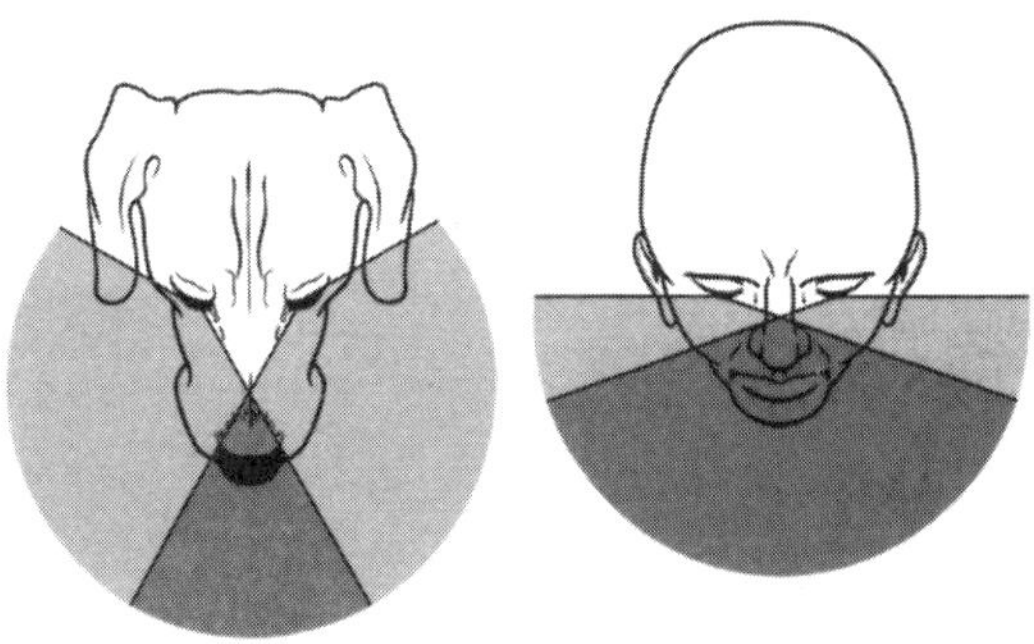

図5　犬の視野は人間より広い。しかし、両眼の視野の重なり具合が小さいので、立体視ができる範囲は人間より狭くなる。

り合っている。どの動物でも、両眼を使ったときだけ立体視が可能である。人間では、左右の眼の視野が広く重なっていて、奥行きを知覚するのに適している。犬の目は、やや側方を向いている。そのため、少し後方が見え、全体の視野は人間より広いが、その分だけ両眼視野の重なる領域が少ない。顔の短い犬種は、眼が横を向いており、長い鼻の犬種の眼は前方を向いている。しかし、鼻の長い犬では、鼻がじゃまになって、反対側の視野が隠れ、両眼視できる領域を狭めてしまう。特に、長い鼻の犬は視野の下半分を両眼視するのがむずかしい（図5）。

犬は、立体視がかなり不得手でも、たいていは苦にしてない。犬が正確に奥行きをキャッチしなければならないのは、まっすぐ前を向いて一つの目標（ウサギ、フリスビーなど）を見るときだけである。そういう場合は、ほとんどすべての犬で、目標は両眼視の視野にちゃんと入っている。子犬の研究によれば、片方の目をふさいでも奥行きがわかり、目標がどのくらい離れているかを、かなり正確に判断する。両眼視がなくても、目標の影、相対的な大きさ、動きなどが、奥行きの情報を与えるので、脳がその情報を処理して判定するのである。

奥行きの細部を見取る能力は、いかにシャープに像を結ぶかということにかかっているが、それだけではなく、網膜の光受容器がどれだけ細密に配置されているかにもよる。一般的には、網膜上の光受容細胞の密度が高ければ、それだけ細部の解像度は増す。さらに、これらの細胞の相互連結や、どのように配線されているかも関係する。犬は、すぐれた夜間視力を有する。その理由の一つは、視神経を脳に送っている網膜上の細胞（神経節細胞と呼ばれている）が、それぞれ比較的広い光受容野の信号を集め、その結果を脳に送っているからである。これは、高感度フィルムの仕組みと同じである。高感度フィルム上の感光粒子は、光受容性は高いが、直径が大きく、それだけ密度が低いので、画面が荒くなる。眼から脳に通じる神経線維の数は、人間が一二〇万本であるのに対して、犬には一七万本しかない。

神経節細胞の密度がもっとも高いのは、網膜の中心部を水平に横切る部分である。この部分は、犬がまっすぐ前を向いて何かを確認しようとしたときに、遠くの地平線が像を結ぶ場所である。狼はこの特徴が際立っている。狼の場合は、この網膜部位の一平方ミリメートルあたりの神経節細胞数は一万四千個である。この密度が半分以下の犬もいる。

動物の視力尖鋭度を測定するには、いくつかの方法がある。その一つは、黒と白の縞模様のカードと全面灰色のカードを示し、縞模様のカードを選んだらほうびを与えるという方法。縞模様のカードを正しく選択するようになったら、次第に黒白の縞の間隔を狭くしていく。全面灰色のカードと、黒白の縞のカードの選択比率が五〇対五〇になる直前の縞の間隔が、識別限界である。同じように、縞の間隔を狭めながら、犬の脳波を測定すると、識別不能になった点で脳波に特有の変化が生ずる。正常な人間の場合、全視野の角度の六〇分の一の間隔があれば縞だと識別できる。犬は、全視野の角度の一六分の一より狭い幅の縞は、まったく見分けられない。つまり、人間が二三メートル離れて見分けられるものを、犬は七メートルでやっと見分けられる（比較として、目のいいイルカは、人間が七メートル以上離れると見分けられなくなる物を一八メートル離れても見分ける）。

犬は、もう一つ別の仕組みによって、**夜間視力**を高めた。ほかの夜行性動物と同様に、犬の網膜の後方には**タペタム・ルシダム**と呼ばれる特殊な細胞層がある。この細胞層は、反射鏡の役割を果たす。網膜を通過してきた入射光を反射し、もう一度光受容細胞に返すことによって、飛び込んできた光粒子を、可能な限りすべて検出する。しかし、この仕組みは、特に弱い光の場合、不可避的に像をぼやけさせる（犬、猫、馬、鹿、そのほかの多くの動物の目が、フラッシュライトやヘッドライトに照らされると、黄色く光る。これがタペタムによる反射。人間の場合、カメラのフラッシュライトで「赤目」の失敗写真ができることがあるが、これは、網膜の背後の血管部で赤色以外の光が吸収されてしまうから)。

タペタムは反射するだけの鏡ではないかもしれないという興味深い指摘がある。その化学的成分が、入射光の色をわずかに変えているかもしれない。タペタムのリボフラビンが青い光を吸収し、色スペクトルの中心に近い光に変えて再放出する。この、再放出された光の色は、明るさを受容する桿状体細胞がもっとも敏感に感ずる光の波長と、ちょうど一致する。したがって、夕やみせまる空の青い背景色を、犬は人間よりはるかに明るく感じており、地上の暗い物体と夕やみの空のコントラストが鮮やかに見えているはずだ。

網膜からのデータを集めて、**形や動きを知覚するまでの高度な処理機構**について、犬の研究はほとんどない。形を識別させる訓練によって、犬は水平な線と垂直な線を容易に見分けることはわかっている。しかし、正、逆の三角形を識別するなど、より**複雑な図形を見分けるのはむずかしいらしい**。犬は、動きには敏感である。しかし、静止していれば四〇〇メートル先でやっと見える目標が、動いていれば八〇〇メートル先でも特定できるという程度である。

犬の色覚

色の知覚についての初期の研究では、犬などの大多数の哺乳類は色をまったく知覚できないと断定していた。色感覚は霊長類だけに限られるとされていた。これは今でも、犬の飼い主の間で広く信じられている。

しかし、ウイスコンシン医科大学のジェイ・ネイツらの精密な研究により、犬は明らかに色を知覚するということが確定した。ただし、人間の色覚障害と同じように、限定された種類の色だけを知覚する。

人間は、虹の色すべてのスペクトルを識別できるが、それは網膜に、それぞれ特定の波長の光にもっとも敏感な三種類の色識別光受容細胞があるからである。その三つの波長の光は、大まかに黄色、緑色、青色に対応する。これら「錐状体細胞」と呼ばれる三種類の色識別細胞に光が当たると、脳が、それらの細胞からの信号の相対的な強さを比較し、光の正確な波長を判定する。青錐状体と緑錐状体が、同じ程度に刺激されると、青緑色が見える。黄色錐状体と緑錐状体のさまざまな組み合わせの反応で、赤、オレンジ、黄色、緑の知覚が生ずる。例えば、赤色の光は、緑錐状体に比べより強く黄色錐状体を刺激する。

霊長類以外の大多数の哺乳類には、二種類の錐状体細胞しかない。

犬では、これら二種類の錐状体細胞はそれぞれ黄緑色と、バイオレット色の波長の光に鋭く反応する。すなわち、犬には「赤―オレンジ―黄―緑」の範囲の色が1つの色として、「青―バイオレット」の範囲の色が別の一つの色に見える。これら二つの色が白または灰色と違って見える。しかし、「赤―オレンジ―黄―緑」の範囲内の色の違いは識別できない。つまり、赤が黄色と緑と違うことはわからない。また、青とバイオレットとの区別はつかない。別の言い方をすると、**人間は色覚の検査でほぼ百通りの色調の違いを識別できるが、犬では二つの色調しか識別できない。**

青緑色の狭い帯域の光は、犬にとっては色には見えず、白またはさまざまな明るさの灰色と区別がつかない。それは、その色が白色光と同じように、二種類の錐状体を同じ程度に刺激するからである。色スペクトルのちょうど中間あたりのこの狭い範囲の波長の部分は、ニュートラル・ポイントと呼ばれ、二種類の錐状体だけを持つ動物では無色の光に見える。

ネイツは、二頭のグレイハウンドと一頭のプードルを使い、色を映しだしたパネルを鼻で示す訓練をして、犬の色知覚を実証した。三枚のパネルのうち、色が違う一枚を鼻で示すとほうびが与えられる。三つのパネル全部を白色光で照らすと犬は迷うが、三枚のうち二枚はそのままにして一枚だけに特定の色の光を当てると、たいてい、すぐに気がつく。しかし、光の色を青緑色に近づけると、正解率は急に偶然のレベルになってしまった。ニュートラル・ポイントを中心に波長が両側に等しく離れた二つの光を同時に一枚のパネルに当てたときも、白色光と区別できなかった。二つの色の光にそれぞれ敏感な二種類の錐状体が同程度に刺激され（偏りがないので）、色覚が生じないのである。

ネイツの発見によって、**われわれが犬用につくった多くのものが、実用的には間違って彩色されている**ことがわかる。われわれ人間には、芝生の上の赤・オレンジ色のおもちゃは目立って見えるが、犬にとっては芝生の緑色と見分けるのは容易ではない。**背景が緑なら、バイオレットの方がよほど区別しやすい**。犬に色の違いを見分けて目標物を拾わせる訓練をする場合、赤と黄、オレンジと緑だと失敗するに違いない。同様に、盲導犬に、赤、黄、緑の色だけで停止信号を見分けさせるのは、たぶん不可能だろう。

犬や、ほかの哺乳類に、フルカラーを知覚する能力が欠落しているのは、何百万年も昔の進化の過程で受けた試練の結果である。

ネイツは、次のように結論する。恐竜時代の末期、哺乳類が地球上に出現した頃、彼らに許された唯一の生態環境条件は、夜であった。だから、最初の哺乳類は、何よりも夜間視力を必要とした。色を感知する錐状体は、弱い光には敏感でない。一方、弱い光に敏感なもう一つの光受容細胞、桿状体はまったく色を識別できない。そこで、初期の哺乳類は、錐状体の一部を捨てて、それと引き換えに桿状体を増やしたというわけだ。

霊長類に存在する、それぞれ青、緑、黄に感じやすい三種の錐状体細胞は、最近になって、自然環境の特別な条件に適応して「再導入」されたと考えられるようになった。狼は、基本的には夜行性で、桿状体細胞を優勢にして、夜間視力を増強させた。結果として、色彩感覚が欠落したが、そのために失ったものより、はるかに多くの利益を得たのである（人間の目では区別できない灰色の影を、狼は識別できるらしい）。また、狼と犬は黒白の識別だけでなく、とにかく二色だけでも色彩知覚を持っている。そのおかげで、カムフラージュにだまされにくくなっている。黒白しか識別できないと、背景の明るさに応じて体を隠しているほかの動物の黒白カムフラージュにまんまとだまされることになる。しかしそれ以上に、狼にフルカラー知覚能力が欠けているのは、単純に、狼が活動するのに必要がなかったからだ、と言うのが正しいのかもしれない。

鋭い聴覚

聴覚能力もまた、その動物がどのような生き方をするかによって、つまり、必要性に応じて異なる。**犬が、超音波音を聞く**という伝説的な話は、科学的に実証された。犬は六万五千ヘルツ、つまり、一秒間に六万五千回振動する音まで聞き取る。健康なティーンエイジャーなら(もっと正確に言うと、ヘッドフォンステレオを最大音量で聞いたために耳を壊してしまった若者でなければ)、聞きとれるもっとも高い音の周波数は、二万ヘルツ。人が聞きとれる最高音を出すには、ピアノの鍵盤を右側に二八個足して、オクターブをさらに二つ以上高くしなければならない。犬の場合なら、ピアノの鍵盤を四八個、四オクターブ増やす必要がある。

犬は自分ではそんな高い音は出さないが、小型のげっ歯類は超音波領域の音を出す。だから、犬が高周波の音を聞くことができるのは、超音波を出す獲物を見つけるための適応だろう。

ほかの哺乳類と同じように、犬は**音源の方向を正確に定位できる**。人間は、二つの異なる音の音源の方角が、一度違っていればわかる。馬、牛、山羊は、方向が二〇度ないし三〇度違わないと、判定できにくい。犬は、八度くらい方向が違えば区別できる。これは、猫、フェレット、オポッサム、アシカ、猿と同じ程度。動物の脳は、音の伝播の様子をもとに、音響学的な計算をして、音源定位をする。おおざっぱに言えば、右耳と左耳に到達する音の大きさを比較して、音源の方向を判定する。また、音が聞こえ始めたタイミングの、右耳と左耳のずれによっても、音源を定位する。頭が大きいと、両耳の間隔が長いので、音が到達するタイミングと音の大きさが右耳と左耳で大きく異なる。しかし、音源定位の能力は、頭の大きさ、つまり左右の耳の間隔よりはむしろ、脳の神経回路に大きく左右される。馬は、人間よりも頭が大きいが、人間の方がはるかに音源定位にすぐれており、馬はへたである。犬には、必要な高能力の神経回路が搭載されている。これには疑いの余地がない。精密な測定によると、左右の耳に音が到達するタイミングのずれの検出精度は、犬の場合、わずか五五ミリ秒である。

人間と犬では、**音源定位の脳内神経回路の配線が異なる**。音源定位でむずかしいのは、反響音の取り扱いである。右の方から来る音が、左側にある木や壁ではね返され、音源と逆側の方向から耳に届く音波ができるかもしれない。四カ月未満の人間の赤ん坊は、そのような反響音にじゃまされて音源定位ができない。しかし、もう少し月齢のすすんだ赤ん坊なら、じゃまな反響音が含まれていても、ちゃんと音源定位ができる。研究によれば、脳には、遅れて到達する反響音を閉め出す神経回路があることがわかっている。脳は、ミリ秒単位で遅れて到達するのは反響音だと判定し、これには注意を向けないのである。犬でも子犬の時期に、反響音にフィルターをかける脳の神経回路が形成されることを示した研究がある。

かぎわける

目と同じく、鼻は、センサーでもありコンピュータでもある。目は、実際には、脳の延長。コンピュータ用語で言えば、ただの端末ではなく、ネットワークに組み込まれたパソコンだ。網膜状の画素（ピクセル）にあたる神経細胞は、脳の神経細胞とケーブルでつながっており、線や形の知覚をつくる作業は網膜で始められる。鼻も、処理装置を搭載したパソコンである。嗅球と名づけられた神経の大きなかたまりが、鼻の粘膜の真上に存在する。におい分子を検出する嗅神経は、嗅粘膜に細い神経末端をのばしている。嗅球は、嗅神経の信号を中継して脳に送る。

犬の嗅球は、人に比べると、びっくりするほど大きい。人間に比べて、**イヌ科動物のにおい受容神経の数は二〇倍も多い**。においの検出に、嗅神経がどう働いているかは、科学の世界にまだ残されている一つの大きななぞである。多くの動物種の研究によると、鼻粘膜の異なる場所はそれぞれ異なった化学的特性を持つことが知られている。つまり、それぞれの場所は、何かある一つの形をした分子を吸収しやすく、ある場所は水によく溶ける分子を、別の場所は脂肪によく溶ける分子を吸収しやすいなどの差異がある。鼻による化学分子の検出能力は、びっくりするほど鋭敏だ。自然界には、たがいにあらゆる点で同一だが、向きだけが違う一対の分子が存在することがある。同一の元素が同一の立体構造で結合しているが、ただその立体構造が互いにミラー・イメージになっている点だけが違う。ところが、このような「光学異性体」のにおいが、往々にしてまったく異なることがある。つまり、三次元の形の違いを、鼻は鋭敏に検出するのである。例えば、カルボン（$C_{10}H_{14}O$）のひとつの光学異性体はヒメウイキョウのキャラウェーのにおい成分で、もうひとつの光学異性体はスペアミントのにおいである。

空気中にただよう微量なにおい分子に対する犬の鼻の鋭敏さは、人間と比べると、けた違い。しかし、その感度のよさが全部の物質について同程度だというのではない。これはたぶん、それぞれの化学分子の検出限界が劇的に違うためであろう。**ある有機物では、犬は人間に比べて百分の一の濃度で検出するが、別の物質ではその差が百万倍かそれ以上に達する。**警察犬や防災犬の場合、犬は、人間が気づく限界よりはるかに低い濃度のガス漏れ、隠された麻薬、爆薬、紙幣のにおいを検出する。精密な研究によれば、人がちょっと触れただけのスライドグラスを、戸外なら二週間、室内なら一カ月間放置しても、犬は、人のにおいとしてかぎ分けるという。犬は、六本のスチールチューブの中から、ある人物が五秒間にぎった一本を探し出す。異なる食事をした一卵性双生児が着たTシャツを区別して選び出す。同一環境で同一の食事をとった（一卵性でない）双生児のTシャツを分別できる。

においに対する際立った敏感さにもまして興味深いのは、じゃまなにおいが混じり合っている中で、目標とする特定のにおいをかぎ分ける犬の嗅覚能力である。犬が、**高次嗅覚情報処理のずばぬけた能力**を持つことを示す証拠だ。かぐだけでなく、分析する能力が問われるからだ。

犬は、人間や、麻薬や、一〇〇ドル札のにおいに、生まれつき興味があるわけではない。しかし、特定の種類のにおいについて訓練を重ねると、驚くほどすぐれた**検出能力**を示すようになる。双子のTシャツの実験では、双子の一人の見本Tシャツをまず人工香料の水に浸して、においを隠してから、一五秒間犬に提示する。ついで、一〇フィート離れた容器の中に入れてある二枚のTシャツのうち、見本とにおいが一致するTシャツを持ってこさせる。Tシャツを互いに三〇センチメートルぐらいに近づけると成績がよかった。これは、においを同時にかぐことができるからだ。実際のテストでは、双子の一人が一日だけ二四時間着たTシャツを最初に見本として示し、別の日に二四時間双子が着た二枚のTシャツの中から選ばせた。

犬の訓練の日数を増やすと、同一人物の体の部分、例えばズボンとポケットと手のにおい、ひじの関節と手のにおいなどをかぎ分けるという、むずかしい作業ができるようになる。同一人物の違う部分をこすりつけた六本のスチールチューブから、サンプルのにおいと一致する一本を選ばせると、一定の正確さで成功する。しかし、けっこう間違いもある。ひじと手の区別では、三回に一回が正解であった（偶然の場合は、六回に一回）。一方、その人物をすでに犬が知っている場合は、正解率は七三パーセントに達する。この仕事で、犬の課題は、Aの手のにおいとBの手のにおい、Aのひじのにおいと Aの手のにおいの違いを検出することであった。この場合、すべての人間に共通のにおいもついている。犬は、明らかに、これらのにおいすべてをかぎ分けられる。犬にとって大変なのは、気まぐれなハンドラーが、いったい何と何をかぎ分けさせたがっているかを判断することである。それらは、必ずしも犬が生まれつき生物学的な興味を持つものとはかぎらない。

鼻の鋭敏さと優秀な嗅覚処理能力の組み合わせによって、犬は、驚嘆すべき**におい追跡能力**を発揮する。ノルウェーとスウェーデンの科学者たちが、シンプルだがすばらしい実験を行い、いかにして犬が追跡業務を遂行するかについて、重要な発見をした。それは、われわれには想像もできない嗅覚能力である。彼らは、一三世紀アイスランドの物語からヒントを得た。すなわち、二人のノルウェー人が、スウェーデン人の追っ手をあざむいて逃れようと、ブーツの底にトナカイのひづめを逆むきにくくりつけたというストーリー。スウェーデン人の追っ手は間違った方向に誘われて行き、囚人が逃げ出すまでとらわれていた豚小屋に戻ってしまった。科学者は、同様の計画を立てた。まず、一人の人が舗装した道路あるいは草地を、前向きまたは後ろ向きで歩く。一〇分後に、この人物がどの方向に歩いたかを知らされていない追跡犬とハンドラーが、足跡のちょうど中間から出発して追跡する。犬は、足跡のつま先、かかとがどちらを向いているかにかかわらず、人が歩いた方向を毎回正確に追跡した。

犬の作業ぶりをビデオに撮り、においをかぐ音をワイヤレス・マイクロフォンでキャッチしてテープに録音した。このデータにより、犬は方向を決定するのに、全く迷うことなく、即座に判断していたことがはっきりした。犬は、二回から多くても五回、一回あたり三〜五秒間、足跡のにおいをかぎ、正しい方向を探し当てた。さらに驚くべきことに、犬はにおいの強さによって、新しい足跡を判定することがわかった。鼻でかぐことのできるにおいは、当然のことながらすべて揮発性である。つまり、空中に蒸発して鼻に吸い込まれた化学分子である。したがって、足跡が古ければ、それだけ揮発性成分は蒸発してしまい、残っている化学分子の濃度は低くなる。犬は、自転車の車輪の跡を容易に検出し、その上をたどれるが、進行方向はわからない。ところが、後輪に革ひもをくりつけて、足跡と同じように、一定の間隔で革紐が地面を打つようにすると、犬は自転車の進行方向も判定する。この実験によって、犬は二つの接近した**足跡のにおいの強さを比較し、どちらが古いかを判定し、それによって進行方向**を知ることが証明された。自転車の車輪の連続的な軌跡だと、においの変化が連続的すぎて、比較しにくいのである。

最後に科学者たちは、革ひもにソーセージを塗りつけて、自転車の後輪にくくりつけ、同じような実験をした。革紐が地面に打ちつけられるたびに、ソーセージがはがれ、先に進むにつれてにおいが弱くなっていく。出発点のにおいがもっとも強く、終点のにおいは弱くなるので、軌跡とは反対になるはずである。やはり犬は、完全にだまされ、終点から出発点に向かい、間違った方向に追跡してしまった。

犬は一般に、三時間を経過した足跡の方向は判定できない。これは、足跡のにおいの差が小さくなり、もはやかぎ分けられないことを意味する。一秒に一歩の速さで進む人が、三〇分間の足跡を残す場合、一歩ごとの時間の違いは一八〇〇秒のうちの一秒である。においが一定速度で消えるとすれば、犬はにおいの強さが二千分の一くらい変化すれば、その差を検出できることになる。これは、驚くべきことである。しかし、考えてみれば、人間の視覚的識別能力には、犬の嗅覚に匹敵する力量がある。二本の針を持って手をのばし、上下に並べてみる。どちらかが一ミリの何分の一か自分の方に近いことが見分けられるとする。この場合、二本の針が前後している差は、腕の長さ、つまりボクシングでいうリーチの一千分の一以下である。脳の神経回路が、それを可能にしているのである。

6章　犬と猿、頭がいいのはどっち？

人間は、何よりも視覚が重要だと思い込んでいる。

そのひとりよがりの様子は、誰でも英語を話すと決めつけている傍若無人なアメリカ人旅行客に似ている。

しかし、そんなけなし方も、知能に関するわれわれ人間の傍若無人さの前では、まだなまやさしい。

知的能力についての人間の考えは、ひどく差別主義的なのである。

まるで、ＫＫＫ団も顔負けだ。

あなたはまだ動物の知能ランキングを信じていますか?

動物の知能に関する人間の考えをざっと眺めてみると、知能のランクづけをしていることに気がつく。

出身階層と教育水準が異なる多くの人々に、動物の知能のランクをつけてもらうと、おしなべて、猿が一番賢く、次いで犬、猫、豚、馬、牛、羊、ニワトリ、七面鳥、魚という順番をつける。面白いことに、動物は人間に似た知能を持たないとする人々も、動物にも知能があると熱烈に信じる人々も、この数十年、この順位づけゲームには同じような熱心さで参加している。

二〇世紀の初めに行われた、動物知能に関する古典的な実験はいずれも、抽象的な課題の学習と問題解決作業をさまざまな動物に課し、その成績を採点するものであった。最近、ある研究者がこれらの研究の多くを見直した。その感想はこうだ。

「まるで、イギリスの行政担当事務官を、動物の中から選抜するための試験だ」

主に霊長類の研究で近年注目されている少数の研究者たちも、明らかに同じ路線をたどっている(テレビは、若い女性が大きな毛むくじゃらの猿とたわむれているところを撮影したがる。番組のプロデューサーは、認知科学は知らなくても、キングコングの映画は見ていて、その筋書きなら理解できるのだ)。彼らは、猿を訓練して物体を組み立てる作業をさせ、文章作成もどきの課題を課し、算数に似た仕事をやらせる。こうして、動物の知能指数の採点で、チンパンジーあるいはゴリラがほかの動物種より人間に近く、したがって優れている、と結論を下す。

知能は計量できる物であって、神が、動物界の各代表に対して、あるものには多くあるものには少なく分け与えたのだというアイディアは、人間にとってあまりにも都合のいい考えだ。それは、人間の知能についての世俗的な見解に迎合した立場である。とにかく、新しい考えや技術を、どれだけ速く習得できるかが、仲間から選抜され、イエール大学に入れるかどうかの決め手になる(とは言っても、ブッシュという姓でないことは確かだが)。

ところで、**われわれ人間が学ばせたいと望むことを学ぶ能力**に、動物の間で大きな差があっても、それは当然である。羊に新聞を取りに行かせることは、不可能ではないかもしれないが、おそらく満足のいく結果は得られないだろう。

人間の知能テストの場合でさえ、**文化の違いを無視している**ことに非難が集中している。その事情と同じように、動物の知能を測定すると称するこれまでのほとんどの方法は、それぞれの動物種に備わった独特の脳の力を測ることとは無縁である。すばらしい知的な作業をこなす猿たちは、研究室で何年間も訓練を受けるのである。その経過の中で、猿たちは貨車1台分ほどのM&Mチョコレートのワイロを受けとった。彼らは、最後にはM&Mチョコレートを山ほどもらえるとわかっているから、テレビ映りのよい女性飼育係が要求するありとあらゆる奇妙な新しい仕事を、必死で学ぼうとするのである。つまり、彼らは、就学年齢前の準備教育プログラムと同じものを受講したのである。動物種によって、物を見たり、手を使ったりする能力は極端に異なり、新しいものに対する恐れや、探索意欲もさまざまである。さらに、チョコレートやビスケットのほうびを獲得するために働こうという意欲も、かなり異なっている。動物の精神機能を探るつもりで、実は、胃袋の状態を検査しているのかもしれないと考えるべきなのだ。

犬は劣等生か？

すべての動物種には学習能力がある。外界のできごとに適合する体の反応や行為を、学習によって、うまく選択できるようになる。実際に、**動物が生存できるということは、学習が可能だということ**である。ものごとが絶えず変化するというのは、生きていくうえで実にやっかいな現実である。これに対処する手段が学習である。食料、水、隠れ家などの資源は絶えず変化し、仲間だけでなくライバルになりそうな奴が出たり入ったりするし、木が倒れて通路をふさぎ、川が凍り、また解けたりする、そのような変転する世界に対応する能力が、狼には本能として組み込まれている。学習は、すべての哺乳類、鳥類、さらにもっと多くの動物（例えば、金魚、ミミズ、イカなども）で、たえず作動している機能である。

昔から、知能を論ずるときは、感情に左右されて極端な議論になりやすい。それほど複雑な内容を含んでいるからだ。

B・F・スキナーに代表される行動主義者たちは、知能を（実際には、おしなべて人間の行動も、動物の行動も同列に）、**オペラント条件づけ**の結果にすぎないと見なしている。オペラント条件づけとは、動物が、ある刺激に対して、可能ないくつかの反応の中から報酬の得られるものを選択するようになることを指す。行動主義者は、遺伝的素質の意義を完全に無視し、いかなる動物のいかなる行動も、オペラント学習によってでき上がったものだと主張する。理論的には、目標とした行動を奨励し「強化」する適当な方法さえあれば、いかなる動物にも、どんなことでも教えることができる。

このスキナー学説への疑念は、スキナーの二人の弟子が初めて提起した。この二人は、恩師の科学的発見を研究室の外に拡大し、テレビのコマーシャル、動物園、見せ物の動物ショーのためのトレーニング・センターをつくれば、いいお金になるという、まことに合理的な結論に達した。彼らは、圧倒的な成功をおさめたが、後にこう言っている。

「われわれが、いくつかの手ひどい失敗をしたとき、行動主義理論はまったく役に立たなかった」

彼らが明らかにしたもっとも興味深い失敗例は、テレビコマーシャルのための訓練。ラクーン（アライグマ）が豚さん銀行にコインを投入するというものであった。ラクーンは、コインを扱うのにまったく問題はなく、豚さん銀行にうまくコインを落とす。うまくいったら、スキナーの方法に忠実に従って、食べ物を与えた。ところが、これを続けていくと、この仕事が上手になるどころか、どんどんへたになってしまった。ラクーンはコインを撫で回し、抱えるようになってしまった。ラクーンは、洗いたくなるという生まれつきの本能が強すぎて、オペラント条件づけでそれを乗り越えるのは不可能だと、トレーナーは結論せざるを得なかった。

学習についての古典的な学説の基本概念の一つに、**学習曲線**という考え方がある。動物に何回も試行させ、正解の反応なら報酬を与え、不正解の反応なら罰を与える。そうすると、正解率がどんどん上昇するというもの。異なる動物種の間で、正解率が上昇する速度に差があるのは、生まれつきの知的能力が違うことの証拠だと、多くの科学者が考えた。

例えば猿は、二種類のカードの中から一枚を選び出すと食べ物が得られるという課題を簡単に学習してしまうが、ラットでは時間がかかる。ところが、機知に富んだ人がいて、ラットの肩を持つことにした。絵ではなく、二つのにおいから一つを選ぶ課題にしたところ、ラットは、猿が絵を選び出すときの成績に近い点数を獲得した。つまり、テスト自体が最初から偏っていたのだ。ラットは、においには敏感だけれども、目はよく見えない。同じように、金魚は、前に見せられた図形をひっくり返す課題の成績が悪かった。つまり、報酬をもらえる図形がなかなか見分けられなかった。ところが、報酬を変えたところ（粒のエサからペーストに変えただけで）、いっぺんに覚えた。けんめいに努力してでも報酬をもらいたいと思うほど、金魚は粒のエサが欲しくなかっただけなのであった。

これらの知見は、知能検査を受ける動物が何であれ、共通に存在する問題を明らかにしている。すべての動物は、学習能力を持っている。そして、数百万年にわたって、それぞれ大きく異なった独特の生態系に適応して、固有の進化をとげたのである。それぞれの動物種は、生まれつきの独特の運動パターンを持っている。独特の好き嫌いもある。それぞれの動物種にとって、非常に大切な事柄もあれば、まったく関心のないこともある。霊長類の研究者は、実験室でチンパンジーなどの類人猿が、一回練習しただけで正解を見つけるという事実を重視した。犬はどうだろう。**犬だって、その一回のできごとが本当に自分にとって重大なことなら、一発で学びとる**。反対に、基本的な行動性向に反することだと、いくら報酬を積まれても、学習はほとんど不可能なはず。

一つの証明。ボーダー・コリーの訓練の書『農民の犬』の著者ジョン・ホルムズが、ある一頭の犬について語っている。

ある時この犬は、門を駆け抜けるときに、ほかの犬と頭と頭をぶつけてしまった。それは偶然であった。しかしその後、ぶつかった相手の犬がそばにいるときは、決してその門を通り抜けようとはしなかった。学習についての古典的な学説によれば、このような例は、高級な「条件性弁別課題」と呼ばれるもので、霊長類は得意だけれども犬などの知能程度の低い動物はへただとされる。しかし、ホルムズの犬は、みごとにやってのけた（条件性弁別課題では、ある一つの条件で正解の選択がある場合でも、ほかの別の条件では違う選択をしなければならない。例えば、三角と四角があり、色が赤なら三角を、青なら四角を選択するという課題）。ぶつかった相手の犬がいるかいないかというのが、赤か青かという条件に相応し、通り抜けるかやめるかというのが、三角を選択するかそれとも四角かという選択に相応する。この二つの課題は同等である。しかし、犬にとって、ぶつかった仲間と通り道の門は重大な関心事だが、**三角、四角にはまったく興味がない**。犬は、社会的相互関係に深い関心があるので、ほかの犬、もしかすると社会的地位の高い相手にぶつかったことには、長く続く強烈な衝撃を受けたのであった。選ぶカードの色などに、そんな重要性があるはずがない。

面白いことに、人間にもこの傾向が存在する。理論的には同一の論理に従う課題でも、すぐわかる場合と、知能の高い人でも正解に悩む場合とがある。やさしい場合は、常に社会的規範が課題に含まれており、むずかしい場合は抽象的な関係を含む課題である。古典的な例を試してみよう。

＊むずかしい課題　四枚のカードがテーブルの上にあり、次の情報が与えられている。カード1は♠、カード2はクイーン、カード3は◆、カード4は7。すべての赤いカードが一〇以下だと

判定するには、さらにどのような情報が必要か？

＊やさしい課題　四人がバーにいる。一人は老人、二人目はビールを飲んでいる、三人目は少年、四人目はジンジャー・エールを飲んでいる。次の法律が守られているかを判定するには、さらにどんな情報が必要か？　21歳以下のものにはアルコール飲料が禁じられている。

むずかしい方のクイズを示された多くの人は、7のカードの色だけが必要と答えるか、あるいはクイーンのカードの色を無視する。いずも誤りである。論理的には同じだが、やさしい方のクイズにはほとんどの人が苦もなく正解し、ビールを飲んでいる人の年齢と、少年が何を飲んでいるかの情報が必要だと答える。

犬たち（および人々）に社会に関係するルールを教育するのは生活と無関係な論理を学ばせるより、容易である。そのことは同時に、社会の重要性を無視することや、自分の生態環境に適応しないよう教え込むことが、きわめて困難であることを意味する。犬が庭を掘り返すたびに、「ダメ」と叫んで、そうしないように教え込もうとするのは、犬に次のルールを押しつけているのだ。誰かがいるときは（あるいは、特定の人がいるときは）、庭を掘ってはいけない。似たようなことだが、きわめて強い生理的衝動による行為、例えばあくびとか、ひっかき行動をすると報酬が得られるという課題を教えるのは、事実上不可能である（試した人がいるのだ）。

さらにまた、資源が絶えず変化したり、あるいはまばらにしか存在しないような生態系で食料を獲得しなければならない多くの動物種は、**覚えが悪い傾向**を示す。それには、生物学的な理由がある。食料を集めるのに、一つの方法に固執しすぎるのは賢明な戦略ではない。しかし、従来の食料資源が完全に枯渇したことが明白で、しかも、新しい資源を確保する見通しが立つまでは、それまでの古い手段をあわてて放棄するのも、また、利口な戦略ではない。

犬に、一つの場所にエサがあることを教え、後に別の場所を教えたとしても、犬は、最初の場所への執着を簡単に放棄したりしない。後で、どちらからでもエサが得られるようにして、犬に選択させると、ほぼ半々の確率で、両方の場所に行く。これは、恵みが一貫して与えられることのない世界で暮らすのに効果的な戦略だ。昨日その場所にあった水や食料が、明日もそこにあるという保証はない。例えば、ビスケットを報酬にして、呼べば必ず家に入るよう犬に教えようとして、覚えの悪さにあきれ果てることがあるかもしれない。しかし、この犬はたまたま、そのときすでに、家のドアに近づかないことで報酬を得ていたかもしれないのだ（例えば、外にいればリスを追っかけて遊べる、といった報酬）。犬は、そのことを頭に思い描かずにはいられない。たまに与えられる報酬の方を完全に放棄してでも、すでに繰り返されている確かな報酬を選ぶ方が確実だと判断しても当然である。

動物の「純粋」知能を測定しようとすると、人間の知能指数がやり玉に上がるのとまったく同じ問題にぶつかる。いや、それ以上かもしれない。

仮に、感覚器官の差に起因する不公平さをクリアできたとしても、なおかつ社会的、心理的、そして生態系の差による偏りが残る。これらの差異がごく些細であっても、最終的な知能検査の成績では大きな違いが出る。例えば、犬はいわゆる「遅延非見本合わせ課題」がへたである。この検査では、まず犬に、例えば青い積木をのせたトレイなどの見本を示す。犬は、積木を鼻で押しのけると、下に隠れているハンバーグの切れ端がもらえる。その一〇秒後に、またトレイが示される。今度は、青い積木は一方の端にあって、新しい物体（コーヒー缶の黄色いふた）が反対の端に置いてある。ここで犬は、前に見せられた物体と違う方を選ぶと、下にあるハンバーグがもらえる（図6）。犬は、この課題をマスターするのに長くかかる。一〇回の試行をして九回続けて正解するまでに達するのに、数百回も練習を繰り返さねばならないこともある。その段階に達した後でも、見本の指示と課題の実行との間隔を長くしていくと（一〇秒から五〇秒まで）、必ずまごついてしまう。五秒の遅延ではトップの成績だった犬でも、遅延時間を長くした課題では、正解率が偶然レベルまで落ちてしまった。

猿は、この課題がきわめて得意である。そこで、多くの人が思っているように、猿の方が犬より利口だと結論を下すのが当たり前のように思える。ところが、**実験手続きをわずかに変えただけで、犬たちは、がぜん勢いを増す**。厳密な視覚的識別を要求するのでなく、場所の違いに重点を変えたのだ。例えば、最初、トレイの左端あるいは右端に赤い積木を置いて、犬に指示する。次に、トレイの両端

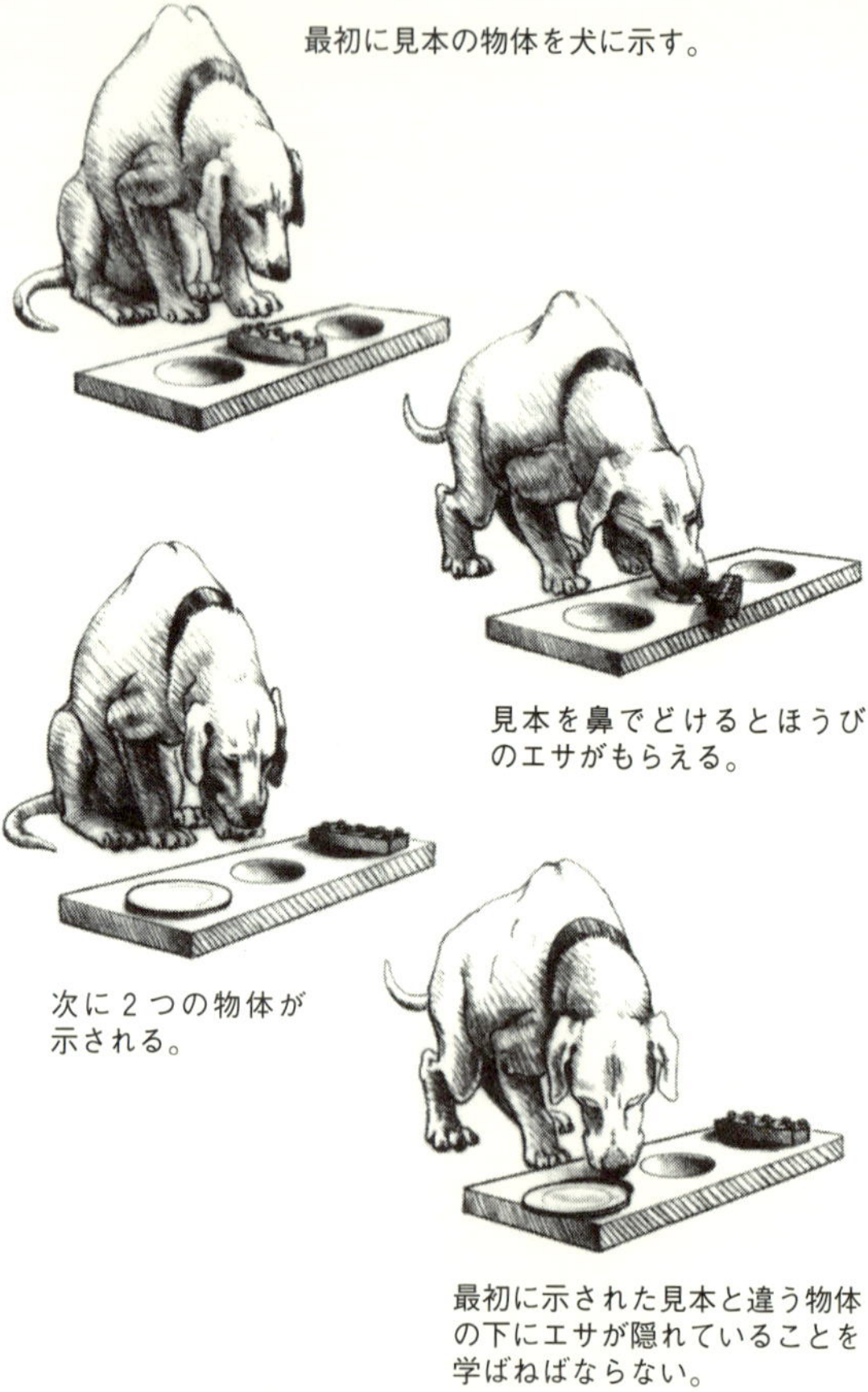

最初に見本の物体を犬に示す。
見本を鼻でどけるとほうびのエサがもらえる。
次に２つの物体が示される。
最初に示された見本と違う物体の下にエサが隠れていることを学ばねばならない。

図６　遅延非見本合わせテスト

に、同一の赤い積木をのせて指示する。犬が、最初に見せられたトレイの積木と反対側の端にある積木を選択すれば、報酬が得られる。この場合は、犬は速やかに学びとる。一度学習してしまえば、最初と二度目のトレイ指示の遅延時間を二〇秒まで延ばしても、九〇%が正解となる。若い犬では、七〇秒の遅延があっても、ほとんど正解できた。

最初の視覚的な「遅延非見本合わせ課題」は、猿が新奇なものに示す好奇心を利用して組み立てた実験であった。犬の視覚はそれほど精密ではないので、この課題はむずかしいのだろう。さらに、もっと単純に、犬は猿のような好奇心を持たないからかもしれない。逆に、新奇なものは怖いのかもしれず、「場所選択の遅延非見本合わせ課題」では毎回同じ赤い積木が出てくるので、怖さがなかったのかもしれない。事実、一頭の犬は「物体識別遅延非見本合わせ課題」で、新しい物体が出てくるたびに、おびえて近づかなかったので実験にならなかった。

教訓としなければならないのは、**公平にすれば、犬は、あらゆる点で猿と同じくらい利口だし、場合によってはチンパンジーに匹敵するということである**。しかし、犬の論理と違うようなことや、本性にもとるような仕事を要求すれば、劣等生になるのは当然。犬の知能を過小評価する傾向は、本能的なことは何でも否定的に見る立場に由来する。われわれ人間は、往々にして、本能的な行動を、ゼンマイ仕掛けのおもちゃの動きと混同し、まったく知能を伴っていないと見なす。

しかし、そうではない。犬の、そして多くの動物に見られる根源的な**本能行動は、かなりの情報処**

理を伴っているのだ。狼は、獲物を狙うとき、決まり切った定番の一連の行動をする。しかし、それぞれの個別の行動は、獲物の動き、地形、群の仲間の配置を見極め、感覚器からの一瞬のフィードバックによって、精密に調整している。ヘラジカ・ハンティング・ロボットをつくるのは容易なことではなく、チェスの世界チャンピオンを負かすコンピュータを作るよりはるかにむずかしいのだ。荒野を走っても、ひっくり返って倒れたりしない、四本足のロボットをつくるだけでも大変難しい。四本の足で走るために、筋肉が協調的に作動するように、脳の中で情報処理するのは純粋に計算機的な作業なのだが、その知力は巨大なものである。この領域の犬の知力は、あらゆる意味で人間のそれをはるかに凌駕している。

あなたの犬は賢いのか？

異なる動物種の知能に順位をつけるのが愚かしいことなら、**同じ動物種の品種について知能に差があると考えるのは、もっとくだらない**。

動物、特に犬の知能を測定しようとしてわれわれが陥る落とし穴は、人間が望む通りのことをする

築地書館ニュース

ノンフィクション
新刊と話題の本

TSUKIJI-SHOKAN News Letter

〒104-0045　東京都中央区築地 7-4-4-201　TEL 03-3542-3731　FAX 03-3541-5799
ホームページ http://www.tsukiji-shokan.co.jp/
◎ご注文は、お近くの書店または直接上記宛先まで（発送料 300 円）

古紙 100 %再生紙、大豆インキ使用

庭づくりの本

鳥・虫・草木と楽しむ オーガニック植木屋の剪定術

ひきちガーデンサービス［著］
2400 円＋税
無農薬・無化学肥料・除草剤なし！
生き物のにぎわいのある庭をつくる、オーガニック植木屋ならではの、庭木 92 種との新しいつきあい方教えます！

二十四節気で楽しむ庭仕事

ひきちガーデンサービス［著］　1800 円＋税

季語を通して見ると、庭仕事の楽しみ百万倍。めぐる季節のなかで刻々変化する身近な自然を、オーガニック植木屋ならではの眼差しで描く。
庭先の小さないのちが紡ぎだす世界へと読者を誘う。

雑草と楽しむ庭づくり

オーガニック・ガーデン・ハンドブック
ひきちガーデンサービス［著］
2200 円＋税

虫といっしょに庭づくり

オーガニック・ガーデン・ハンドブック
ひきちガーデンサービス［著］
2200 円＋税

中澤まゆみ［著］ 1800円＋税
本人と家族が知っておきたい在宅医療と在宅ケアと、その費用。最新の制度を解説。制度改定にともない、最新情報・データを掲載した待望の第3版。

辻正矩ほか［著］ 1600円＋税
子どもが学びの主人公になり、「学ぶと生きる」をデザインする学校を、どのように立ち上げ、どのように創ってきたのか。

歴史と文化を知る本

植物と叡智の守り人

ネイティブアメリカンの植物学者が語る科学・癒し・伝承
R・W・キマラー［著］ 三木直子［訳］
3200円＋税
美しい森で暮らす植物学者で北米先住民の著者が語る、自然と人間の関係のありかた。

筑豊のこどもたち

土門拳［著］ 2700円＋税
1959年暮れの九州、筑豊炭田の厳しい現実を、こどもたちの動作や表情を中心にとらえたリアリズム写真の名著。戦後写真界の巨人・土門拳の原点ともいうべき作品。

食卓を変えた植物学者

世界くだものハンティングの旅
ダニエル・ストーン［著］ 三木直子［訳］
2900円＋税
大豆、アボカド、マンゴー、レモンから日本の桜まで。世界の農産物・食卓を変えたフルーツハンター伝。

エビとカニの博物誌

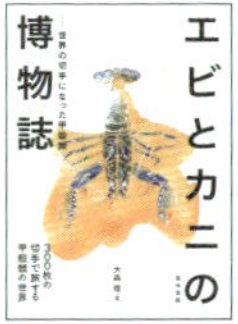

世界の切手になった甲殻類
大森信［著］ 2000円＋税
原始の時代から海に生息し、人の暮らしと関わってきた甲殻類。切手に描かれた種の生態や文化との関わり、世界中のグルメを、豊富な知識と経験をもとに紹介する。

価格は、本体価格に別途消費税がかかります。価格は2021年10月現在のものです。

スー・スチュアート・スミス［著］
和田佐規子［訳］　3200 円＋税
人はなぜ土に触れると癒されるのか。庭仕事は人の心にどのような働きかけをするのか。庭仕事で自分を取り戻した人びとの物語を描いた全英ベストセラー。

野生動物の復活と自然の大遷移
イザベラ・トゥリー［著］　三木直子［訳］
2700 円＋税
中世から名が残る美しい南イングランドの農地 1400ha を再野生化する様子を、驚きとともに農場主の妻が描くノンフィクション。

地域を楽しむ本

家中・足軽の幕末変革記

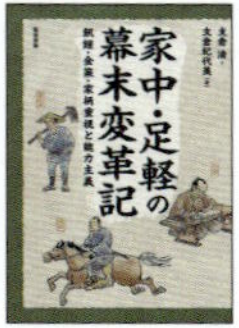

飢饉・金策・家柄重視と能力主義
支倉清 ＋ 支倉紀代美［著］
2400 円＋税
19 世紀の地方社会の変化と闘争を、仙台藩前谷地村で 60 年にわたり記された文書『山岸氏御用留』から読み解く。

下級武士の田舎暮らし日記

奉公・金策・獣害対策
支倉清 ＋ 支倉紀代美［著］
2400 円＋税
仕事、災害、冠婚葬祭……。仙台藩下級武士が 40 年間つづった日記から読み解く、江戸時代中期の村の暮らし。

気仙大工が教える 木を楽しむ家づくり

横須賀和江［著］　1800 円＋税
日本の伝統的な木組の建築文化を支えた気仙大工。その技を受け継いだ棟梁と彼をとりまく人びとの家づくりと、森の恵み、木のいのち、家づくりの思想。

半農半林で暮らしを立てる

資金ゼロからのＩターン田舎暮らし入門
市井晴也［著］　1800 円＋税
『動物たちに囲まれて、大自然に抱かれて、ゆったり子育て、通勤ラッシュなし（腰痛はあり）』。**新潟・魚沼の山村で得た 25 年の経験と暮らしぶりを描く。**

価格は、本体価格に別途消費税がかかります。価格は 2021 年 10 月現在のものです。

特定の動物に高い点数を与えてしまうことである。

ボーダー・コリーやレトリーバーなどの労働犬、服従訓練のテストで好成績をあげるプードルやシェットランド・シープドッグが優秀だと思われている。それに、フリスビーが上手だというだけの犬も、普通は「利口」だと言われる。バセット・ハウンドやセント・バーナードのように、比較的のろのろしていると、いささか鈍いと見なされる。

獣医師のベンジャミン・ハートが、多くの獣医師や犬のエキスパートを対象にして、一〇〇種以上の犬種について、トイレのしつけや、服従訓練など、さまざまな**行動のランクづけのアンケート**を行った。結果は、多くの人が予想できるものであった。一番多くの人が利口だと考えているのは、シェルティー、ジャーマン・シェパード、ドーベルマン、プードル、ラブラドールで、これらは服従テストとトイレのしつけでトップの成績だった。ビリは、フォックス・ハウンド、ビーグルおよびアフガン・ハウンドだった。心理学者スタンレー・コレンも、カナダとアメリカで服従訓練の成績を調査し、厳密さをかなり欠いてはいるが、同様のランクづけを報告している。コレンはさらに、これは犬種間の本当の知能順位だと、はっきり主張している。

服従競技で犬は、つけ、すわれ、まて、ふせ、こい、などができなくてはならない。さらに上級になると、ハンドラーの指示で、ダンベルを取ってきたり、ハードルを越えたりする。これらは、人間の側が何かやらせたいことがあって、そのための特殊な高い能力を備えた犬を探し出す目的のためなら、公正な検査方法といえる。だが、本当の知能検査なのだろうか？

『犬の知能』（邦訳『デキのいい犬、わるい犬』文藝春秋）という著書でコレンは、自分の主張を守る安全弁を用意した。検査法を分解して、それぞれの検査法は違う種類の知能を測定していると想定した。彼は、犬の利口さは、生まれつきの知能、適応的知能、服従および労働知能に分類できて、それぞれはさらに「固定的知能」と「流動的知能」に分けられることにした。コレンが提唱する「犬の知能検査」が、人間の知能検査よりいい加減だと、言いたいわけではない。しかし、よくなっているとも思わない。

名前を呼ばれるとすぐ近づいてくる犬が、同じ調子で別の単語を発したときは近づいてこないとする。そうすると、その犬は五点獲得する（言葉理解）。リビングルームの家具の配置が変わったのを、部屋に入って三〇秒から六〇秒の間に気づくと、三点獲得（環境学習）。飼い主が何も言わずに笑いかけたとき、尾を振って近づけば五点、尾を振らずに近づくと四点（社会的学習）、などなど。これらを婦人雑誌の自己診断（貴女の性的魅力度を測ろう！）みたいに加算して、犬を「最優秀」「優秀」「ボーダー・ライン」「欠陥あり」などと判定するのだ。

このテストは、知能は単一線上の尺度で測られるようなものではないということを、一応、意識してはいて、検査する課題を多様化している。しかし、個別の検査のいずれも、科学的な裏づけは十分でない。一つの事実をあげると、最初に「服従知能」などという検査項目があるのは、人間中心主義そのもの。**犬は、ドッグショーで優秀服従賞を獲得する方向に進化したわけではないのだ。**

犬種の間でも、同一犬種の犬同士の間でも、人間が与えた任務や命令に従うことを学びとる速度に大きなばらつきがあるのは否定しようがない。しかし、われわれが知能の差だと考えたものが、実は動機の違いだったり、気性や警戒心の差だったり、単に感覚器の鋭敏さが異なるためだったりすることは、犬やそのほかの動物による実験で、すでに繰り返し示されている。コレンの「犬の知能」検査が、本当に知能を測定しているのかどうか、疑ってみる理由は十分ある。犬が、それらの課題をうまくこなすかどうかは、その犬が今までにどんな訓練を受けたか、あるいは、どのように日常生活を過ごしているかに大いに影響される。居間の家具の配置が変わったことに、ある犬が気づき、ほかの犬が気づかないことは、本当に知能の差によるのかもしれないが、しかし、その差を生みだしているものの中には、知能とはまったく無関係な差異が多数ひそんでいるかもしれないのである。

それほど高級ではない反応を知能だと見誤りやすいということは、半世紀も前から、ラットの迷路学習実験で指摘されていた。迷路の覚えがよいかどうかで、ラットを選抜し、繁殖を繰り返し、優秀な系統とダメな系統をつくり出した。つまり、利口な系統と、間抜けな系統をつくったのである。一人の学生が別の迷路で試してみるまでは、これはすばらしい成果だと思われていた。ところが間抜けだと判定された系統が、決してそうではないことが判明した。選抜するのに使われた迷路が、ラットにとって**単に怖かっただけ**なのである。研究者たちは、知能を選抜していたのではなく**恐怖感受性の差**に基づいて選抜していたのだ。

今や古典となった実験によって、バー・ハーバーの研究者たちは、恐怖感が、いかに犬の学習能力に影響を及ぼすか、たくさんの証拠を示している。子犬を生後四カ月間、人間から隔離して育てると、実際には訓練が不可能で、トイレのしつけも不可能、服従命令に従わせるのも不可能になることがわかった。「犬舎閉じ込め犬」つまり**「隔離犬」症候群**だ。これは、さまざまな原因によって起こる。認知能力の欠陥に起因する場合もある。以前に訓練を受けたことがなく、学習するのに必要な知的能力を獲得できなかったために、報酬または罰に対する反応の仕方、つまり学習能力が身につかないのである。あるいは、純粋に情緒的障害による場合もある。

しかし、**学習能力の基本的な素質について**、ある犬種がほかの犬種にまさっていると判定するのは、はなはだ疑問だ。犬たちの頭の中は、おそらく、人間が想像しているものとはかなりかけ離れているに違いない。犬たちが、新しい状況や人間に異常な恐怖を感じ、これが報酬や罰の効果を打ち消してしまうことを、バー・ハーバーの研究者が実験で確かめた。これを見つけるのに、研究者たちは、人間のハンドラーの立ち会いがなくても訓練できる装置を考案した。天井からつるした滑車によって伸び縮みする引き綱を、犬の首輪につける。犬は、人のいない部屋の中央の台にのせられ、課題はそこにとどまること。台から離れようとすると、リモート・コントロール装置によって引き綱で軽く引っぱられる。犬をいくつかのグループに分け、異なる週齢に訓練を開始した。そのほかに、一六週ないし一八週までまったく何の訓練もしなかったグループのテストも行った。このテスト以外の時間は、すべての犬が、同じ時間だけ人間ハンドラーと社会的な接触をした。

トレーニングの開始時期は、一六週から一八週に行ったテストの成績に、まったく影響しないことがわかった。そこで次のように結論した。

「犬舎で放置された犬、または隔離された犬の訓練が困難なのは、人間との社会化が欠落したためか、訓練が行われる場所の物理的環境への慣れが欠如したためか、あるいはその両方に起因する**情緒的な要因が大きく働いた結果**だろう。社会化されていれば、学習能力に違いはない」

どれだけ感情的になるか、どのくらい衝動的かが、犬種によって大きく違うのを、**人間が勝手に知能の差だと思い込んでいる場合**が多い。

労働犬は、独特な定番行動をしたがるが、その意欲は強くて、似たような行動も大好き。ボーダー・コリーは、動くものに極端に敏感。実際には、何にでも警戒を怠らない。そのため、動いているもの同士を関係づけるのが得意である（ボーダー・コリーと車で旅をするのは大変だ。対向車線の車に注目して、何百回でも素早く首を振る）。彼らはまた、よく集中している。だから、自分の行為が目的とする結果を生むことを学習しやすい。羊のいる戸外に出たがっていて、音やまわりの動きに細心の注意を払っている犬が、ドアの開く音がしたら飛び上がって駆け出すことを、素早く学びとるのは当然である。羊に対してそんな執着心がない犬は、興味がないので、ドアの音で飛び上がったりしない。

ビーグルやフォックス・ハウンドなどは、群れで働くようにつくられた犬種である。彼らは、ほかのものに気を取られることなく、においに集中して追跡する能力を目標に育種されたので、社会的優位性にはそれほど関心がない。そのために、飼い主を喜ばせる気はあまりないし、飼い主が優しくしても素っ気ない。たいていの家畜用番犬は、ボールを投げても見向きもしない。「しのび寄り―追跡本能」がそれぐらい減弱しているということである。

小さい動物の方が大きい動物より**代謝率**が高いのは、生理的な法則である。単純な熱力学的な法則で、小さければ熱が速く逃げるので、体温を保つのによけいに動かねばならない。だから、小さい動物はもともと活発で、そう簡単に体温が上昇したり、くたびれたりしない。半面、**テリアなどの小さな犬種は、興奮しやすく、神経質で、気が散りやすい**。要するに、警戒心や鋭敏さは、犬種に特有の生理学的、生物学的な事情によって決定されるのだ（まだ未解明だが、決してあり得なくはない要因がある。人間が要求する任務の能力に、犬種間で差が生ずるのは、視覚の差によるのではないか）。

活発で、強い意欲があり、群れをつくる狩猟犬が、服従訓練の成績がトップクラスで、マスチフやグレート・ピレネーのようなハウンドや番犬がビリなのは、驚くにはあたらない。元気いっぱいで、新しい仕事に夢中になって取り組むような人が、一日中テレビを見ながら長いすで寝そべっている人より手早く問題を処理するのと同じような意味で、ボーダー・コリーの方が、バセット・ハウンドより「お利口」である。しかし、生まれつきの学習能力で、ある犬種がほかより優秀だと判定するための証拠を見つけるのは困難だ。犬たちの脳は、人間が思っている以上に、互いに似通っている。

犬種間で行動に差が出るのは、もちろん、少なくとも質的には、脳に差があるからである。それぞれの犬種は、それぞれ違うやり方で、狼の知的発達の経過を引き継ぎ、独自の気質や運動の特徴を持っている。犬種間で脳の大きさが違うことが、何か意味を持つとは考えにくい。しかし、一つだけはっきりしていて、狼と犬の間の全体的な知能を比較するのに意味があるかもしれないのは、**犬の脳は、およそ二五%ほど狼より小さい**という事実である。

犬同士の知能の差は、脳の情報処理能力の違いによるのかもしれない。確かに老犬は、新しい課題を学べないだけでなく、しばしば、人間のアルツハイマー病のような症状を呈する。うろつく、方向がわからない、親しい人がわからなくなる、不眠と夜間徘徊、静穏不能、尿失禁、便失禁が、老いた犬で現れるのは珍しくない。アルツハイマー病と同じく、これらの症状は、筋肉の萎縮、泌尿器の病気、視力減退などの原因になりそうな疾患がまったくなくても現れる。エサの場所を見つけ出す「遅延非見本合わせ課題」検査の成績では、10歳を超えた犬は課題を学ぶのがかなり困難であり、遅延時間を変えて再検査すると成績ががくんと低下する（それにもかかわらず、老犬は意欲だけは旺盛で、回答する速さは若い犬に負けない。ただ、誤った解答が多い）。老犬は、おのれの信ずる道を突き進むのだが、何かが変わると、混乱するのである。

罰ゲーム的教育法

社交性のほとんどない二、三の犬種を別にすれば、犬は社会的相互関係とその成り行きに絶えずピリピリしている。

何かのできごとの物質的側面と社会的側面とを見た場合、犬は後者を重視する。われわれ人間がどうしても犬に教えたいと思うこと、すわれ、ふせ、こい、どきなさい、などは、幸運にも、もともと社会的信号や社会関係に何らかの影響を与えるものである（もちろん、これらのことを犬に教えるのは、第一に、犬がそれをやれるからである。犬に「おすわり」をさせるのは、決して、動物をしごくことが世の中の役に立つ、と思ってやっているのではない)。同様に、労働犬の活動は、それ自身が犬にとって報酬となるような行動、犬が意欲を持てる行動なのだ。それをわれわれ人間が自分たちの目的に添うよう導いているのだ。犬の脳に、社会的相互関係や、群れについて学習するための、特別の教室はないし、もちろん、家のドアホンが何を意味するのかを学ぶ脳の特定の場所があるはずもない。そうではなく、犬には、ある事柄に注意を向ける(動くもの、群れの仲間の脅かす態度)、あるいは、ある行為をする(獲物を追跡する、うずくまるなどの)素質が、そもそも生物学的に組み込まれている。これらの生物学的に重要な事柄に続いて、何かの結末が生じたときには、それらをしっかり関連づけるのが比較的容易なのである。

犬たちは、それぞれの独特の関心と、生れつきの特注レンズを通して見た世界を、自分なりに解釈する。だから、人間が犬の行動に手を加えようとすると、面倒なことになる。

研究者の学習実験では、何かの行動を防止するのには罰を与えるのが、効果的であることが確かめられている。しかし現実には、罰を与えると別の問題が生ずる。犬は、社会的な身分関係に神経を張りつめているから、社会的に上位の者の攻撃的な行為は、心理的に強烈すぎる信号となり、何かの指示ではなく、社会的優位性の確認だと受け止めてしまう。犬が本をかじったり、庭を掘ったり、床に粗相をした後で、犬を打っても、たいてい、**犬には理由がわからない**。なぜなら、本をかじったのは、社会的相互関係とは無縁な行為なのに、それをめぐって優位、劣位の確認の儀式がなされるからである。打たれた犬は、もちろん服従姿勢をとり、うずくまり、クンクンと啼き、なめに来て、飼い主をなだめようとする。われわれ人間には当然に思えても、犬には、自分が行った行動と、打たれたことを関連づけるのは、まったく不可能なこともある。

犬を打ったり、首輪を強く引いたりして、この種の**「関連づけるつもり」の罰**を与えて現実に効果があるのは、問題が優位、劣位に関わる場合で、しかも、それだけが問題になっている場合に限られると、ベンジャミン・ハートは指摘した。犬が、飼い主に向かって唸ったり、脅したり、咬みついたりしたら、間違いなく、主人の地位を狙っている。このような場合は、飼い主の力を見せつけることが、犬に対する強力なメッセージになる。しかし、犬の失態が、反逆のためではなく、単なる器物損壊だったときは、体罰の成功率はいやになるほど低い。こんなときに、**リモート・コントロールの処罰装置**が有効かもしれない。**人間とは関係なく罰が下されれば、社会的対人（対犬）関係と無縁な自然法則のように見えるので、かえってよく効くのである。**たとえば、庭を掘かえしたり、ゴミ捨ての蓋を開けたりするのを防止するには、ネズミ取りを置いておくといい、とハートは勧めている。隠し持った水鉄砲で撃ったり、首輪に弱い電気刺激装置を装着し、リモート・コントロールで操作するのも効果がある。

罰を無視することを学習してしまう

実験室内の学習の研究には限界がある。ラットの実験装置のレバー押し学習と、ラットの現実の世界での生きざまとは無関係かもしれない。その一方、これらの実験は、罰について重要な教訓を与えたのだが、それは無視されている。明らかになった教訓の一つは、罰のタイミングが重要だということ。通常、罰が有効であるためには、何かの不始末があれば即刻与えねばならない。二、三秒経過すれば、動物は自分の行動と罰を関連させられない。もう一つ別の重要な教訓としては、**罰を与えるなら、効果のあるものでなければならない。そうでなければ、動物に罰を教えているつもりが、結果として、罰を無視することを教えることになる。**

飼い主は、罰を与えるのに気が進まないので、最初やさしく罰することになりやすい。これが無視されると、次には、前より強く罰する。さらに無視されると、もっと強まる。こうして、罰を無視することを学習していく。これは、実は、苦痛を伴う刺激に動物が耐えるようにする古典的な訓練方法なのである。鼻先をはじくことから始めて、文字通り石頭の犬を野球のバットで殴りつけるほどになるまで、少しずつひどくなっていくのだ。最初に効果的な罰を与えれば（これは、与えてみればわかる）、罰の程度が増すという悪循環に陥らず、しかも悪癖もいっぺんに消失する。意図しなかったにもかかわらず、罰がエスカレートして最後に野球のバットを持ち出して、やっと言うことを聞かせられるようになった犬なら、たいてい最初のうちに、そんなにひどくなくてもしっかりした罰を与えていれば、それに反応したに違いないのだ。

タイミングをはずした罰は、犬を迷わせるだけだ。それが繰り返されると、犬は、自分でキャッチできるすべての情報を総動員して、罰に、もっと大きな意味を見出そうと努力する。そうなると、特定の行動を防止しようとしている人間の意図に反して、犬は、この人物は罰を与える人だとか、この場所に行くと罰を受けるとか、極端な場合は、何をしても罰せられる、と考えるようになる。この最後のケースでは、犬は、何かすることを放棄してしまう。「条件づけ絶望」と呼ばれる状態である。反対に、タイミングをはずした罰によって、犬は、かえって特定の行動が奨励されていると勘違いすることもある。呼んでもすぐに来ない犬を、遅れて近くに来たときに強打するのは、呼ばれても決して近づかないことを教え込むのには極めて有効な方法だ。これは証明されている。

罰が、タイミングよく、公平に与えられたとしても、もともと罰は、基本的なエントロピーの法則（可能性の多様さが大きければ大きいほど情報量＝エントロピーが大きい）に反する。間違った行動が無数に存在している中で、たった一つだけが正解なのだから、情報量が大きく、それだけ教えるのは大変である。だから、実際問題として、悪い行動を罰するよりは、正解の行動をほめあげて、報酬を与える方が、はるかに効率がよいのだ。

しかし、**ほめることにもまた、落とし穴がある**。心を鬼にして率直に言えば、間違った罰し方より、間違ったほめ方によって、もっと多くの犬が台なしにされている。

伝説的なボーダー・コリーの訓練士ジャック・ハックスは、ハンドラーがやたらに「グッド・ドッグ（いい子）」と言わないように忠告している。犬は、群れの優位のメンバーから社会的に受け入れられたいという強い誘惑に抵抗できず、大部分の時間を、ハンドラーを見つめることに費やすようになるからである（狼についての実験では、社会的関係で受けとる報酬の方が、食物を与えられるという報酬よりもはるかによく効くことがわかっている）。

体罰を受けたとき、犬は、罰せられた原因が何だったのかわからないことがよくあるが、同じことが、ほめられたときにも起きる。飼い主に愛撫されると、犬は夢見心地になり、胸がいっぱいになる。

犬にとって最高の報酬とは？

最近の犬の訓練のビデオを見ると、**訓練士が多国籍ドッグフード企業から裏金をもらっているのではないか**と疑いたくなる。二、三秒ごとに、犬の口にビスケットが放り込まれる。それは有力な強化刺激ではある。しかし、大人の犬（成犬）が仕事をするのは、ひと口のエサをもらうためだと考えるのは、犬の尊厳を著しく損ねるものである。事実、**訓練するのにエサを与える必要はない**。

労働犬の仕事ぶりには感心させられるが、実は、労働それ自体が犬にとっての喜びなのだ。彼らは、自分がやりたいからやっているのである。同じように、よく訓練された犬の日常の行動に、大げさでなく敬意を表していていれば、好ましい行動が犬自身の中でひとりでに強化される。犬にとって、最高の報酬のひとつは、**社会的に優位に立つ者ときずなが強まること**と、自分をあるがままに受け入れてもらえることである。古い学習理論によれば、時々強化されることがないと、一度学習した行動も消え去ると言われてきた。しかし、呼べば来ること、命令に従って座ること、引き綱に従って行儀よく歩くことを、犬が一度学んだら、一生、特にほうびを与えなくても忘れることはない。この場合、服従することと仲間とのきずなを強めることが、生得的に社会関係性の報酬になっているのである。

犬たちの精神生活

一〇〇年も前に、実験心理学者の本当の草分け、エドワード・L・ソーンダイクは、その頃世の中にあふれていた動物行動に関するすべての通俗書にはうんざりだ、とこぼしている。

科学を通俗化させた連中は、「すべての生命の祖先は一つだ」というダーウィンの考えをねじ曲げ、われ先にと、動物が人間と同じように理知的だという話をでっち上げた。

ソーンダイクはこう言っている。

「動物が理知的だという話ばっかりで、愚かしい動物の話はぜんぜんない」

彼は、動物が愚かな生き物だと言おうとしたのではない。彼はただ、公平な判断を求めたにすぎない。邪魔者を押しのけて成功し、故郷に錦を飾ることのできた動物のすばらしい話だけが、理性の証拠と受け止められるのであれば、その伝説の裏側で消え去った動物にも目を向けるのが公平な態度ではないか。しかし、目立たない動物には誰も注目しない。


犬が、時々、**きわめて愚かな行為をする**ことは明らかである。しかし、彼らの愚かさには、たいへん啓発的な意味を持つ規則性があるのだ。犬は、森の中の複雑につながり合った道を迷わずに進む。その一方、引き綱が木にからまると、振りほどこうとしても、どちらに回ったらよいか見当もつかないようだ。犬は、台所に隠したボールは、においをかいで見つけ出すし、また書棚に飛び上がって、本の後ろに隠したボールも探し出す。それなのに、ドアが開くのを待つときに、来る日も来る日も、ちょうつがいのついている側に座る。私のボーダー・コリーは、ほとんど一声もかけず、指示をしなくても、羊を牧舎に追い込むことができる。しかし、羊が、戸の開いた物置小屋の中にいるときは、必ず小屋の後ろ側で走り回り、あたかも羊を後ろから追うように、小屋の壁を熱心に凝視する。

犬がこれらの誤りを犯すのは、すべて、物事の背後にある仕組みを、見破ることができないという共通の弱点に由来する。犬は、まわりのできごとの極端に些細な部分を関連づけているだけである。それにもかかわらず、多くの場合、彼らが利口に見えるのは、環境それ自身が豊かで、合理的なためである。

われわれ人間は、日常生活の中で、たいていは無意識のうちに、数限りない信号を出すのだが、それは、犬の学習能力がキャッチするのに十分な材料だ。われわれは、出かけようとするときには、鍵束をじゃらじゃらいわせる。犬の食事の時間には、戸棚の方を向く。犬と散歩するときに履く靴と、仕事に出かける時の靴とは違う。これらの経過に気づき、それに対応する行動を用意する犬の知能は、思慮深く見え、また、本当の意味で知能なのだ。なぜなら、現実の世界ではたいていの場合、原因—結果の関係には合理性があり、犬の反応はそれを反映しているからである。テレビゲームや子供たちが好む音楽は不条理かもしれないが、現実の世界は、大局的に見れば、合理性に貫かれた場所である。二つの事が続いて起きたときは、たいていそれらは原因と結果の関係にある。犬たちは、原因と結果の関係を決定している原理を理解していなくても、継続して起こる事柄を単純に関連づけさえすれば、だいたいは正しい反応を用意できる。

しかし、犬たちが物事の表面的な関連性を容易に見つけること、それ自身が、**それ以上の深い洞察**

力がないことの確かな証拠でもある。

二つの事柄が、単なる偶然で同時に起きることも珍しくない（ジョン・ホルムズの犬同士がぶつかったのは、そういう場合である）。そんな状況でも、犬は、わが道を行く。犬は、ほんのわずかでも理性を働かせれば不合理だとわかるようなことでも、一度選択したやり方や定番の行動からはずれるのを、かたくなに拒否する。犬は明らかに意志を持っている。犬は思考する、とさえ言えるかもしれない。

しかし、犬の精神活動は、仮説をつくることや、思考について思いをはせることには到達していない。ある一つの事柄が、なぜほかのことを引き起こしたかがわかるには、頭の中で正解と誤りの両方の構想をつくってみて、仮説を組み立てる能力が不可欠である。同じようにまた、他人が何を考えているかを想像すること、それ以上に、他人も考えるのだということがわかるには、思考ということそれ自身についての考えを持つ必要がある。

私は、すばらしい能力を持った一頭のシェットランド・シープドッグを飼っている。彼女は、自分の意志を通すために、ありとあらゆる方策を考え出す。まだごく若い時期に、彼女はトイレに行きたかったり外出したくなったりすると、ドア近くの特定の位置に立つようになった。このような場合われわれは、「彼女はその行為を、私とコミュニケーションをとる方法だと考えており、彼女が何か欲求を持ったということを私に知らせたり、私が気づいていないことがあるのを知らせる意図がある」と思いたくなる。彼女がとった行動は、確かに、その役割を果たした。だがしかし、彼女は見ている人が誰もいなくても、まったく同じようにドアに近づいて立つのである。この歴然たる事実は、他人にもそれぞれの思考があることを、犬が理解しているなどという希望的な思いを、完全に吹き飛ばしてしまう。彼女は、私の行動に反応することはできるが、私が何を知っていて何を知らないか、などは考えたこともないのだ。

同じパターンが、**犬の情緒**にも見られる。犬が、恐怖、渇望、躊躇、好奇心、怒り、満足、それにおそらく、愛情のような感情を感じていると言い切ることに、私はためらわない。しかし、見たところ、犬は、懸念、罪悪感、恥、忠誠心、保護者的信条、哀れみ、共感、同情など、他人の考えや気持ちを推量する能力を必要とする感情は、持っていないようである。あたかも、犬が、この種の感情を持っていると確信させる行動をしても、そのつどやっぱり違っていたと思わせられる。希望的な信念を無残にうち砕くようなことをするのだ。

レイ・コピンジャーによるある実験の記録を知って、私自身がっかりしたことがある。彼の学生が、母親犬と子犬について実験した。離乳前の子犬を、母親と兄弟姉妹から離すと、高い声で不安の悲鳴をあげる。この声を聞くと、母親はかけよって、くわえあげて巣に運び戻す。こんな光景を見れば、誰でも、これは親が子を心配する気持ち、保護する心の現れだと迷わず信ずるだろう。驚くべきというより、むしろ困惑させられる事実が認められた。子犬の悲鳴をテープに録音しておき、それを巣の外においたテープ・レコーダーで再生して母親に聞かせたところ、母親は、子犬にしたのと寸分たがわぬ行動をした。つまり、テープ・レコーダーをくわえあげて、巣に運んだのだ。このことは、犬がわれわれ人間と似たような行動を示したときの犬の心を、安易に推量しているわれわれ人間の態度を、ぐらつかせるのに十分である。

ここに述べたことに腹を立て、歯がみしている多くの愛犬家がいることを、私は覚悟している。犬たちが、飼い主に対する忠誠心、飼い主を守る気持ちを抱き、飼い主と共感している、と感ずるのが常識であって、それに反対するのは犬の尊厳を損ねるものだと非難されるのは覚悟している。

しかし、**犬には、他人の考えや、気持ちを推量する能力が欠如している**と指摘することは、人間には被毛がなく、においをかいで跡をつける能力がないと指摘するのと同じことで、犬を軽蔑したことにはならない。

犬は、あるがままである。犬は、自分の生態系に適応した生き方をしているのだ。群れのほかのメンバーを強く意識し、豊かで複雑な社会的行動のレパートリーを持つ生き方だ。人間が、犬の行動を、まるで人間と同じだと勝手に思い込んだとしても、それは犬が望んだことではない。人間は、他人が考えていることをひどく気にする。特に、自分をどう思っているかが気になる。忠誠心、仲間意識、競争心、信心、同情心など、互いの関係に関わる感情は、社会関係の重要な要素である。社会的動物だとはいえ、犬と狼は、ある種の霊長類の群で見られるような、一種の同盟関係のようなものはつくらない。そのような社会的な同盟を結ぶには、互恵関係を注意深く築いておかねばならない。犬は、常に社会的序列での地位を確認している。彼らは、上位の者に取り入り、攻撃をそらすエキスパートである。また、社会的な出世の機会をうかがい、そのチャンスを広げる名人でもある。犬は、他人（犬）が出す信号や動作に注目しているが、それはもともと利己心のなせるワザ。われわれ人間は、他人が自分をどう思っているかを気にする。犬は、他人（犬）が自分に何をするかを気にする。表面的には、他人（犬）の行動に反応することと、他人に共感を覚えることとは見分けがつきにくい。犬が、飼い主の機嫌がいいとうれしそうに近づき、飼い主が怒っているときは注意深く這ってくるのは、感情移入されているように見えるが、しかし、この犬の行動は、目上の犬が敵意を示すときや、逆に近寄ることを許可する体の合図などに対する反応と寸分違わないのである。

もしかすると、人間は高尚な衝動に突き動かされて振る舞っているのに、犬はしらじらしく人を操っているとか、犬がロボットのようだと、私が言っているように受け止められるかもしれない。私は、決してそう言っているわけではない。**犬が思考し、感情を持っていることや、まわりの人や生き物の**

行動に絶えず気を配っていることは、まぎれもない事実である。その一方、人間が、他人の考えや感情を否応なく気にすることは、道徳性や博愛精神の基礎になっているとはいえ、たいていの場合、利己的な少なくとも自己中心的な目的に使われることもまた、明白ではないか。他人の気持ちになりきる訓練をしても、それが無条件で高貴な無私な精神だとは言えない。反対に、他人の気持ちになりきれる人物が、もし敵を待ち伏せして倒すことを職業に選んだとすると、恐ろしいことになるではないか。

私が言いたいのは、次のことである。自分の思考と感情を持てるということ、そして、他人（犬）の行動と社会的シグナルを知る能力があるということは、必ずしも直ちに、他人（犬）も何かを感じて考えているという認識を持っていることを意味しない。人間の幼児にも、自閉症の患者にも、そのような認識はない。例えば、二、三歳以下の幼児は、おもちゃを隠したときに、その部屋にいなかった人はおもちゃの隠し場所を知らない、という事実が理解できない。**他人が心を持っていることがわかるのは、**幼児・児童期になって初めて発達してくる、人間に固有の特性なのだ。

犬が、「悪うございました」と表明していると感ずるのは、人間社会の観念を犬に投影したいという人間の欲求がいかに強いかを示す証拠。しかしそれは、明らかに間違いだ。

多くの飼い主は、次のような経験があるだろう。帰宅した途端に、犬がまたもや、ゴミをひっくり返す、靴をかじる、新聞を食いちぎる、床に糞をする、などの悪さをしたのを発見する。犬は、間違えようのない**「私が悪うございました」行動**をする。頭をたれるか、はって飼い主ににじり寄る。時には外に逃げ出す。もしこれが人間の行動なら、罪人が法律を破ったことを認め、逮捕されるのを覚悟したのだと考えるのは当然。しかし、犬の場合には、違う解釈が必要だ。その第一の理由は、犬のこの「悪うございました」行動は、群れの上位の犬から攻撃されたときに示す行動とまったく同一だということ。「悪うございました」と言っている犬は、ほとんど必ずそれ以前に、帰宅した飼い主に、犬シュレッダーにかけられた新聞や床の上の糞をとがめられて罰を受けたか、怖い声で叱られた経験を持っているに違いない。

そこで、次のことがはっきりと言える。犬は、自分の不始末を自覚したのではなく、①飼い主の非難する態度、②飼い主の帰宅、床の上に散らばった新聞紙、ゴミ、糞などの視覚的な標識、この①と②を学習的に関連づけた行動を示したのだ。犬は、飼い主の罰あるいは叱責をすでに学習しているので、それを予測して、服従的な姿勢を示したのである。

次の事実が、この説明が当てはまることの証拠だ。例えば、誰かが新聞をちぎって部屋にばらまいておく。その部屋に犬を入れておく。そこへ飼い主が帰ってくると、前科のある犬は、自分が新聞を破いたときと同じように、しっかりと「悪うございました」という態度を示す。

私の家では、帰宅したときに、ボーダー・コリーが床の上に糞をしてしまったのを発見しても、罰したことはなかった。ところが、妻が糞を新聞紙で拭き取りながら発する声で、彼女の困惑ぶりを素早く察知した。その後、妻がいる、妻が新聞紙を手にしている、床の上に糞がある、この三つがそろった途端に、彼はドアを抜けて外に飛び出すようになった。ほかの犬が粗相をしたときでも、何回か、彼は同じ行動をした。

犬が「悪うございました」と思っていると確信している人は、**犬が悪いと思っている（罪の意識がある）ことを、なぜやり続けるのか**を、何とか説明しようとする。飼い主に対して犬が意地悪をしたり、恨みがあって、その仕返しをするのだと説明される。事実は、不始末の原因は、何もすることがなく何時間も閉じこめられたあげくの退屈や、フラストレーションであって、帰宅した飼い主に示す恥じたような行動は単に叱られたときに示す学習ずみの反応なのである。

犬だけが特別なのか？

犬が示す知能は、大部分は学習によって連合を形成する能力だという考えが支配的であったこともある。しかし、特に優れた知能を持ったある種の犬は、現実に、試行錯誤的な学習では説明しきれない振る舞いを見せる。多くの哺乳類や鳥類が、目の前にある直接感知できる刺激とは別のデータを、利用したり参照したりして初めて可能となるような課題をこなすことが、数十年前に見つかり、行動主義者は大いに動揺した。そして、動物も、彼らの世界の「心証」つまり視覚的な形状の記憶とか概念的な区別を形成しておいて、後に新たな判断を下すときに利用する、と考えるにいたった。

この種の心的表象を操作する仕組みは、しかし、特殊な作業の場合に限られる。動物は、生物学的な重要性に応じて、対象を頭の中ではっきり区別する本能がある。例えば、犬には群れのメンバーかよそ者か、雄か雌か、犬かそうでないか、あるいは、動いているのは動物か無生物か、などをちゃんと区別する神経回路が、生まれつき組み込まれている。

別の種類の特殊な目的の神経回路が、動物の脳の海馬と呼ばれる部分に存在する。この場所は、ナビゲーション・センター（行き先案内）として働く。ラットの実験的研究によれば、前もってラットに部屋を探索させておくと、その後は、ラットのいる地点に対応して、海馬の中でそれぞれ別の特定の細胞が興奮するという。

心理学者のニコル・シャプイの野外研究によると、ラットと同じように犬も、環境についての**脳内地図**をつくる。すでに知っている目印と自分の進行の仕方との組み合わせによって、現在位置を判断

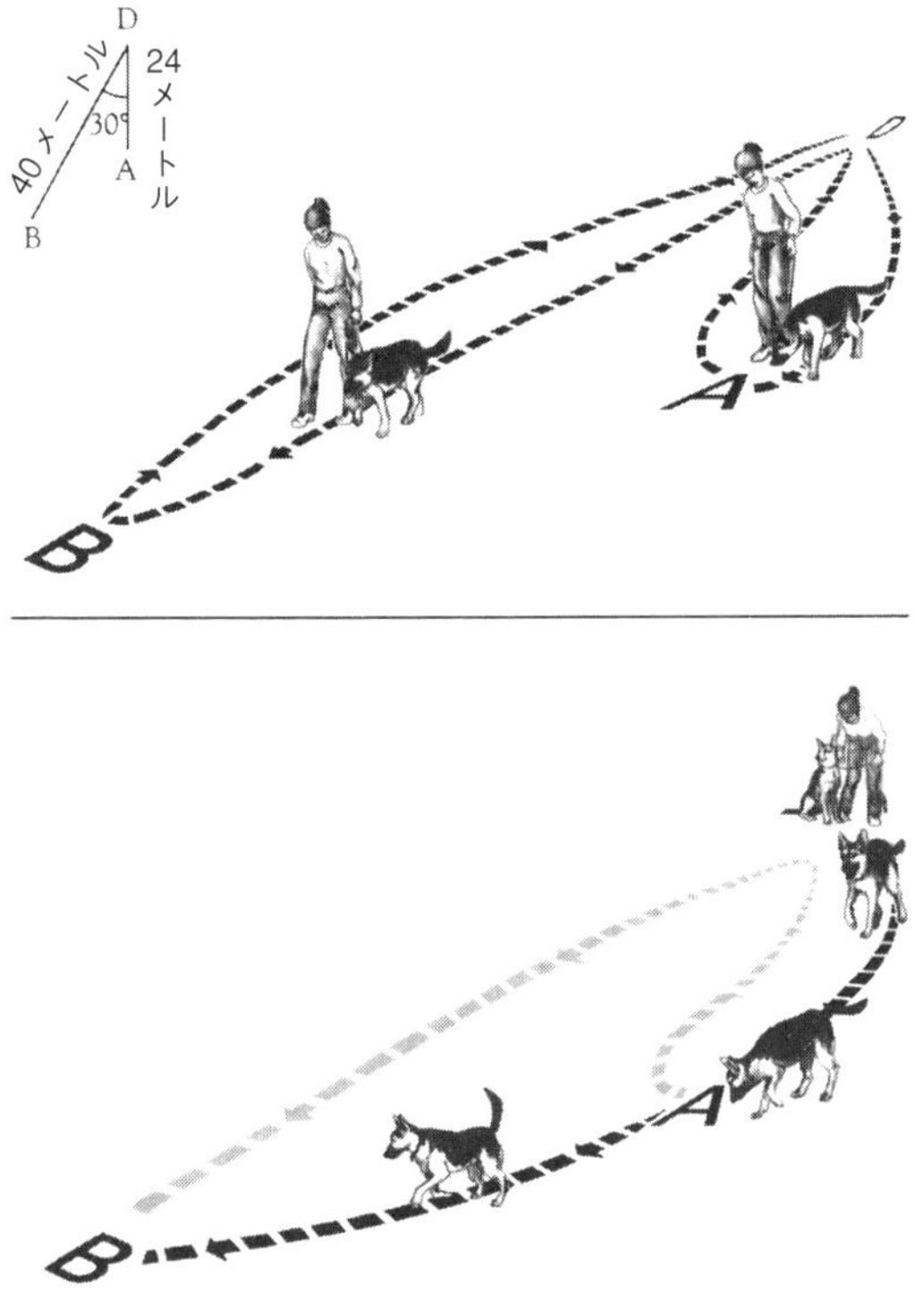

図7　AとBの2カ所にエサを隠し、それぞれ別々に犬を引き綱で導く(上)。犬を放すと、2カ所の間を直接移動してエサを獲得する(下)。このことで、犬が推測航法を身につけていることがわかる。

し、たとえ初めての道順でも、目的地点への方角を決定するという。犬をスタート地点から肉を隠した場所にまっすぐ導き、スタート地点に直線的に連れ戻す。さらに、肉を隠した別の地点にまっすぐ導き、同様にスタート地点にもどす、という実験がある。ここで問題。その後に犬を放すと、一つの肉の地点にまっすぐ達した後、直接二つ目の肉の地点に行くか、それとも、一度スタート地点まで戻るか？　犬が、第一の肉の場所から直接第二の肉の場所に行けば、脳の中に空間的配置ができあがっていることになる。九六％は直接に移動した。一度実行した道順にこだわって、出発地点まで戻るということが起きたのは、全試行の一％にすぎなかった（図7）。

頭の中に、地図やそのほかの表象を形成する能力は、時には、意識的な推察能力さらには自己意識を示すものとされる。しかし、ラットや犬が示した行き先決定の手順を、そっくりそのままコンピュータに実行させるプログラムをつくるのは、いとも簡単。コンピュータの場合だったら、コンピュータが意識的に推察しているとも、自己意識があるとも、誰も決して言わないであろう。

地図上の特定地点に特異的に対応して興奮する脳の海馬の神経を発見したラットの研究は、**動物の脳には、地点探し課題を自動的に行えるような神経回路が組み込まれている**ことを、強く印象づける。私は決して、犬のその時々の心理や行動のすべてを、ひとかたまりの神経活動の発火に還元する機械論を展開しようとしているのではない。だが、表面的には感嘆すべき神秘的とさえ思えるような精神的な能力でも、また高級な意識的活動がなければ不可能と思える能力でも、その背後にある神経機構を理解すると、実は、神秘的でも何でもない場合があるのだ。

テレパシーを使う犬

しかし、**自分の犬に高級な意識があることを確信するあまり、犬の行動が意識的精神活動に基づくのみならず、心霊現象ととらえる**人々が出てきた。人間の心ならともかく、**動物の超心理学**とは何をか言わんやである。

この「動物心霊現象」は、ネオ神秘主義の作家、ルパート・シェルドレイクが、犬は往々にして、飼い主が帰宅するのを事前に察知する、という逸話のたぐいをまとめて書物にしてから一躍注目されることになった。彼は、人々にそれぞれ自分のペットについて試してみるように呼びかけた。その後まもなく、ジェイティーという名の犬がスターになった。この犬は、イギリス北西部のラムズボトムに住んでいる犬で、オーストラリアのテレビ局がその心霊能力を取材し放映したのだ。飼い主が勤め先で帰宅の用意をすると、この五歳になるテリアの雑種犬は、表に出てポーチに座って待つのだった。

これを確証するために、シェルドレイクは、ハートフォードシャー大学の本当の科学者リチャード・ワイズマンに、ジェイティーについてきちんと管理された実験をするよう依頼した。

心霊現象以外に、ジェイティーが感じるような信号をいっさい除去することから始めた。例えば、心霊犬は、飼い主が毎日帰宅する時刻を正確に記憶しているのかもしれない。あるいは、かなり遠くからでも、飼い主の乗った車の音を聞き分けるかもしれない。あるいはまた、家人の誰かが、飼い主の日々の帰宅時刻を知っていて、その頃になるとかすかな動作をし、それを犬が感じ取るのかもしれない。研究者たちはそこで、誰にも、ジェイティーの飼い主自身にさえ、その日その日の帰宅時刻を、前もって知らせなかった。一人の実験担当者が飼い主の家にいて、飼い主の留守の間中、ジェイティーの行動をビデオに記録した。別の実験担当者が、飼い主に離れて付き添い、携帯用の計算機がつくる乱数表によって、無作為に帰宅時刻を決めた。ジェイティーの飼い主は、実際に帰宅時間を初めて知らされてから数秒後に帰宅準備を始めた。もう一つの決定的に重要な実験計画は、偏りのない判定を下せる条件をつくることであった。飼い主が家路につく時刻を知らなかった人がビデオ・テープを見て、飼い主の帰宅開始に反応する動作をジェイティーが最初に示した時刻を判定した。結果は、すぐに、完全に明白になった。初日の実験では、ジェイティーは総計三〇回もポーチまでかけ出した。ジェイティーがその行動をとっても不思議でない場合（人が通り過ぎた、自動車が出発したなど）を除いても、ジェイティーは、三回も「飼い主が帰宅するよ」信号を出し、その最初のものは実際に飼い主が家路につく数分前であった。続いて行われた実験も、まったく同じパターン。ジェイティーは、繰り返しポーチにかけ出した。そのほとんどは、正解の時間を何分もはずした。いくつかの試行では、飼い主が帰宅行動を開始してから、少なくとも一〇分に一回は帰宅待ち動作を示した。

研究者たちは、ジェイティーの家族が心霊能力を信ずる理由となった統計学ではよく知られた偶然

の見誤りがあったことを証明した。第一は、恣意的記憶。ジェイティーは、日中何回も、帰宅待ち反応をする。ところが家人は、人間によくあることだが、ちょうどそれが飼い主の帰宅時間と一致したときのことだけ記憶していて、はずれた場合のことは忘れてしまったのである。これと密接に関係した弱点が、恣意的関係づけである。ジェイティーが感じたのは、飼い主が帰宅を考えたタイミングか車に乗り込んだときか？　飼い主を待つ行動は、窓まで行くことかそれともドアに行くことか？　待機の行動とは、一〇秒間そこに立つことかそれとも一分間なのか？　これらの条件があらかじめ決められていなければ、犬の行動と飼い主の帰宅行動開始とを対応させるやり方は、ほとんど限りなく可能になる。事実が経過した後で、都合のよいものだけを関係づけ、そうでないものを無視するのは、やはり人間の一つの特質である。研究者たちは、傾聴すべき科学的態度で次のように結論した。

「私たちの実験から明らかになったのは、事実に反して**犬に心霊能力があるかのように見せる仕組みが存在する**、ということである。その仕組みを除外できるような安全装置を備えたわれわれの実験計画でなく、ずさんな調査なら、誤った判定を下してしまうこともあり得る」

犬は、われわれ人間には感知できない人間には気づかない物事を検知して、真にすばらしい振る舞いを見せる。しかし、**超感覚的な能力の証拠**とされるものは全面的に信用できない。私がいつも不思議に思うのは、そんなに動物の心霊的な力がもてはやされるなら、なぜ、実用化されないのかということだ。ペットと心霊的な接触を持ったと言い張る人々は、必ず、犬や猫たちは、社会への懸念と批判を、テレパシーで伝えていると称する。もし私が心霊能力を持つ犬を飼うとしたら、ナスダック株式指数が明日どうなるのか教えてくれる犬にするだろう。

7章 奇妙な振る舞いには、ワケがある

犬は、さまざまな奇妙な振る舞いをする。

神経疾患や内分泌異常のために、衝動的に自分を傷つけたり、暴れ回るなどの、明らかに病的な行動もする。

そんな病的行動は別として、私たちにはまるで奇妙に見える行動でも、そのほとんどはそれで正常なのだ。

少なくとも犬としては、限りなく正常に近い。

しかし、犬の正常な行動であっても、優雅に生きている人間には過激とさえ思えることがある。

例えば、犬はたがいに尻のにおいをかぎ合ってあいさつする。人間にとっては奇妙だが、犬にしてみれば、人間が握手する方がよっぽど変なのだ。

お尻のにおいをかぐのは、狼の適応的行動が犬に残っているから。

においで相手を識別し、環境に残されたにおいのマークで、これは誰だとかぎ分けている。

人間がパーティーで出会った相手の名前を聞いておくのと同じことなのだ。

奇妙だが、異常ではありません

祖先の狼時代には適応的だったが犬が現在住んでいる条件では不適当になったのに、依然として残っている、奇妙な行動がある。**生ゴミに体をこすりつける、車を追いかける、郵便配達人を庭から追い出そうとする、飼い主の前で排尿して服従の気持ちを伝える**、などである。

さらに珍妙な行動は、祖先の狼が犬になるときに混線して、正常な大人（成狼）になる過程が壊れた結果生じたもの。台所の自動食器洗浄機の音がすると吠える、飼い主の下着とじゃれて転げまわる、飼い主の靴の番をする、などである。

最高に奇妙だが、それでもなお、決して異常ではないと弁明できる犬の行動もある。狼あるいは犬社会では衝動的にやってしまう個別の反応を、行き当たりばったりに混ぜ合わせて、人間社会でも強引に通用させようとする場合がある。

仮に一頭の狼がいるとしよう。この狼のさまざまな行動パターンを、バラバラに分割してから適当に組み直す。そのとき、遊びなどの幼若期の特徴が目立つようにする。そうして、狼とは違う暮らし方をしている人間の世界に、放り込んでみる。そうすると、ありとあらゆる奇妙なことが起こり得る。人間の関心を引きたいためだけに、足が折れたふりをしたり、自分の糞を食べてしまったりする犬が出てくる。これらの犬の行動は、われわれ人間の立場から見れば大問題であるが、それでも彼らは「過ち」を犯しているのではない。その行動は、脳の障害やホルモンの分泌異常、まして幻覚症状によるものではない。彼らは、そこに住むことになった異文化の世界でも、ふるさとにいたときと同じように行動しているだけだ。報酬を求めて反応するという、完全に合理的なシステムに従っているのである。彼らに罪はなく、星のめぐり合わせが悪かっただけなのだ。

誰かの行動を奇妙だと感じるのが、異なる文化の間の単なる差異、衝突、誤解などによるものなのか、それとも、**その行動が本当の病的異常なのか、簡単には見分けにくい**ことがある。そもそも、犬が犬になったのは、狼的神経回路、狼的成長、狼的内分泌機能の、一種の損傷によるのだから、ますます真性の異常と区別しにくい。ある程度まで、もともと犬は異常なのだ。そして、繁殖計画のあるものは、故意でなくとも、異常さを増強している（特に過剰な攻撃性がそうだ。8章参照）。

問題行動を医薬品で治療しようという精神科医療の冷酷な風潮は、西欧社会では百年以上の歴史がある。これが今や、獣医学の領域に広がったうえ、さらにその先を行こうとしている。一九世紀のある医師は、精神異常とは、主人から逃亡しようとしている奴隷の心情だと見なした。

同じ考えにとりつかれた現代の獣医師もいる。ボーダー・コリー、そり犬、そのほかの労働犬を、ペットとしてアパートの一室に一日中閉じこめると、犬たちは本能が要求する行動を何一つできず、欲求不満と退屈のあまり、荒れ狂い、破壊的な行為に走る。こんな犬に精神安定剤や抗うつ剤を投与するのは、獣医による残忍な仕打ちとしか言いようがない。ボーダー・コリーは、何か動くものを見ないではいられない、それができなければ、動くかもしれないものを注視せずにはいられない。それが彼らの生きがいなのだ。それなのに、ボーダー・コリーが一日中何かを見つめていたり、ハエやゴミに飛びついたりすると、それを異常だと思い込んで、薬漬けにする飼い主がいる。本当は、一群の羊さえいれば、それが最良の治療法なのに。

祖先からの迷惑な贈り物

犬がひどく臭いものに引きつけられ、執着することに、当惑する飼い主は多い。熟しすぎて、ほとんど腐った、はげしくにおう物を、犬はよく探し出してくる（私の犬の一頭は、死後一週間のリスの死骸が大好きだった）。そして、強烈な喜びの表現をする。発情した雌馬のにおいをかいだ雄馬のような顔をして、唇を後ろに引く。さらにもっとも典型的な行為として、その汚物の上で肩をころがし、前肢をまげて首の側面と頭のてっぺんを繰り返しこすりつける。何回か左右を変えてやった後、最後には背中を下にして寝ころび、汚物の上で体をくねらせる。これは祖先の時代には適応的だった行動のなごりである。現代の狼がまったく同一の振る舞いをすることが、観察されている。ほかの捕食行動をする動物も、同じ行動をする。

この行動について、ありとあらゆる解説がなされてきた。狼が自分のにおいを隠し、獲物にしのび寄りやすくするためだというのが有力な説である。

さらには、奇妙なにおいをつけて群れに戻った狼は、仲間がそのにおいをかぎに来て、一時、群れの中で皆の関心を集める存在になるのだ、というものもある。とんでもない解釈なのに、多くの著者が無批判に受け入れている。この解釈は、自分ににおいをつける行動は、本能的で明らかにその行為自身が報酬であることを見落としている。その犬にとって社会的な利点が何もない場合にも行うのだから、関心を集めるという解釈は成り立たない。こんな、とっぴで奇妙な行動が、あまり重要でない目的のために出現して、その後も報酬がないのに残存したとはとうてい考えられない。もし、臭いものの上に寝ころんだ狼が、狼社会の序列で実際にいくらかでも出世することが確認されれば、妥当性が認められるかもしれない。しかし、今のところその証拠はない。

自分のにおいを隠すという説は、いくらか信憑性がありそうだが、まったく違う可能性も考えるべきだろう。人間は、嗅覚では犬に比べて未熟者だから、犬がひどい悪臭を放つようになることだけに目が（鼻が？）向いてしまう。そのため、ひどいにおいが重要なのだと思い込んでしまう。しかし、もしかすると、体ににおいがつくのは、別の目的の副次的な出来事なのかもしれない。狼と犬は、腐ったものを食べつけているから、腐ったにおいには引きつけられる。野生の狼は、狩りで倒した数日後に獲物の死体に戻り、全部食べつくすことが時々ある。たまには、ひどく腐った肉を食うことが知られている。もう一つ別の、関係のありそうな事実がある。野生の狼を人間に馴れさせる試みで観察された行動で、接触してくる人間のにおいがついた衣服や持ち物に、体をこすりつけることがあった。こうして狼は、最初に人間に対する恐怖心を克服するらしい。

もう一つ、時として犬も狼も、特ににおいのない物に首をこすりつける行動をすることがある。犬と狼には、**頭部ににおい分泌腺がある**。だから、相手のにおいを自分につけようとするのではなく、逆に、何かに関心が向くと、まず自分のにおいを相手につけようとする可能性がある。あるいは、大切な物や所有を宣言してある物に自分のにおいをつけて、所有権や領有権を確認するのかもしれない。さらに、もっと単純に、目立つ物の上に尿をかけ、交通路の交差点などの特別な場所には糞を残すのと同じように、特徴のあるにおいがする物には自分の体臭をつけるのかもしれない。汚れているか、ただならぬにおいのする物は、ほかの狼がすでにチェックしていることが多いはず。人間は、伝言板を、地面ではなく目の高さに置く。それと同じで、ほかのメンバーが気づきやすい所に、**においの伝言**をするのであろう。犬のそんな努力は、残念ながら、人間にはなかなか伝わらない。

おもらしを罰してはいけない

ほかにも、子犬や特に服従的になっている犬がしばしば示す、嗅覚的あるいは視覚的なコミュニケーションで、われわれ人間には理解できないものがある。動物行動の研究者が、むしろ病気のような感じで**「服従性排尿」**と呼んでいるものである。しかしこれは、おびえているのでちびるのである。幼若犬や劣位の犬が、群れの上位のメンバーに近づくとき、わずかに尿をたらすことがよくある。優位の犬は、これを服従のしるしと受け取り、そのように対応する。こうなったのは、おそらく、自律神経反射がコミュニケーション機能を併せ持つようになったと、単純に考えてよいだろう。恐怖により膀胱の制御能力が失われる反応は、もともとはコミュニケーションとは無関係だったに違いない。進化的には、逃げ出すために体を軽くするのに役立つ反応である。怖がって排尿する姿を見ると、相手はその動物の次の行動が予測できる。これが積み重なって、コミュニケーションの機能を持つに至った（一つの基本的な法則＝びくびくしている小便たれは、攻撃をしかけたり、上位を狙ったりしない）。狼は、この服従性排尿を、明らかにそのような信号として使っている。

パンツを濡らす行為がコミュニケーションになるなどと、人間は決して考えない。犬のそのような事情に理解が及ばず、そこで誤解が生ずる。実際、服従性排尿をする犬に対して飼い主が罰を与えることがしばしばあり、これが事態をいっそう悪化させる。罰を受けた犬は、ますます恐れるようになり、さらに服従的になる。苦境を乗り切ろうと努力し、飼い主に近づくたびに、以前にも増しておもらしすることになる。

子犬は月齢がすすめば普通、服従性排尿を卒業する。しかし、往々にしてそうならないことがある。

誰かに対面したときにおもらししてしまう。特に、体格が大きくて自信ありげな人物で、家族の最上位にあり、もっとも恐ろしいと犬が思い込んだ人物に対してそうなりやすい。

最良の治療法は、その排尿が起こりそうな場所と状況で、犬を無視すること。ベンジャミン・ハートは、リモコンの「脅かし」処罰装置を勧めている。もちろんこの場合、処罰装置を操作しているのが当人だと、犬に悟らせてはいけない。犬にそれがわかってしまっては、優劣関係がいっそう強くなり、事態はかえって悪化する。ハートの患者に、人に抱かれると愛想を振りまき、おもらしするプードルがいた。効果があったのは、はしゃぎ過ぎを抑えることに加え、誰かに抱き上げられて排尿しているときに、水鉄砲を構えた別の人が水を命中させることだった。

ほかにも、**犬の現代生活にふさわしくない、祖先の行動の遺物**がある。

狼は、数日間、何も食べずに過ごすことができる。この資質は、獲物がいつも捕れるとは限らず、見通しも決して甘くない狩人にふさわしい。そのかわり、狼は一度に莫大な量を摂取できる。捕獲して、数日間絶食させた狼が、およそ八キログラム以上の肉と脂を一度に摂食した記録がある。

犬は、この資質を受けついでいる。平均的な大きさの犬の胃袋は、およそ四リットルの食物を呑み込める。狼と同じく、犬には飽食する本能と能力が基本的に備わっている。犬は、狼に比べて不活発であり、はるかに少ない量の食物で間に合う。そのため、犬の肥満はきわめて高率。それは、運動の強度とはあまり関係なく、大食したくなる遺伝的素質がある、という単純な理由によるのだ（卵巣を摘出した犬の体重増加は、せいぜい一キログラム程度。これらの雌犬に、欲しがるだけエサを与えれば、正常の雌犬より多く摂取するが、食事制限をすれば、体重増加はない。去勢した雄犬の食欲増進、体重増加の証拠はない）。実態調査によれば、約三分の一の家庭犬は（アメリカ人と同じように）肥満体で、この比率は、小型のテリアなどの愛玩犬ではもっと高い。もちろん対策は簡単。エサを与えすぎないこと。しかし、犬にはもともと大食いの素質があり、その欲望は強く、そのうえ、われわれ飼い主を彼らの望み通りにする神通力があるので、言うは易く行うは難し、である。

吠え過ぎなどをやめさせる

狼から犬への変身の過程で生じた遺伝的変化は、人間の周辺をうろつくという新しい生態系に適応的だった。恐怖心が薄れる方向へ、人間に近づく方向へ、強く選抜されていったに違いない。

さらに、**人に馴れるようになる遺伝的変化**が、玉突き的に次々と作用して、ほかの側面の新しい行動を出現させることになった。それらの中には、臭いものをこすりつける行為や服従性排尿などと違って、祖先の時代であっても、意味があったとは思えない振る舞いもある。

吠えること、少なくとも吠え過ぎは、そのような特性の一つである。吠える行為が、意図的に強化された犬種がある。フォックス・ハウンドとビーグルは、においをかぎつけると吠えるし、二、三の牧羊犬、例えばシェットランド・シープドッグは、群れから離れた羊を脅して戻らせるときに、ときどき吠える。（しかし、ボーダー・コリーは、吠えないようにしつけられる。にらみつけて、後ろからしのび寄るだけで、羊を操作するのがよいとされる）。

吠えるのが仕事の一部となった犬種は別にして、たいていの場合、「吠え」は奇怪で無意味で、誰からも要求されない。それなのに、犬は吠えることをやめない。犬の問題行動について質問した二つの調査で、**三分の一の飼い主が「吠え過ぎ」**と答えた。

この問題に対処するために、今や、ありとあらゆる装置が販売されている。犬が吠えた途端に、電気ショックを与える首輪、高い音を発する首輪、強烈なレモン臭がするシトロネラ油が顔にかかる首輪などである。中には、ユーザーが個別の犬の吠え声を検知するように設定できるコンピュータチップを搭載したものさえある。これらの器具の欠点は、取り外せば元の木阿弥で、犬はまた吠えるようになることである。中にはすばらしい知恵を働かす犬がいて、声の調子を変えれば防止装置が作動しないことを見抜き、そうやって吠え続ける。「吠え」行為は、罰を与えれば抑制できる。

しかし、根本的な問題は**「吠え」それ自身がこのうえない喜びなので、罰には、吠えたいという本来の欲望を低下させる効果はまったくない**ことである。現実には、吠え声があまりにもうるさいがために、意図に反し、あるいは無意識的に「吠え」を奨励していることさえまれではない。吠えるのは、注意を引きつけるのにきわめて効果的である。吠えるたびに、人間が注意してくれるので、それがこのうえないごほうびとなり、吠え行為は強化される。

犬の遊び好きは、おそらく犬が出現したときに起きるべくして起きた遺伝子事故により生じた性質で、人間が意図的に選抜したり犬自身に利益があった性質ではないだろう。遊ぶ行為は、吠えるのと同様、ある意味で人間の関心を引く効果はあるが、たいていはやっかいで役に立たない。持って来いや鬼ごっこをして、犬と遊ぶだけなら楽しい。しかし、いろいろ大事なことをゲーム化されると、そうも言っていられない。犬は、生まれつきさまざまな遊び方を知っているので、どんな場面でもそれを取りだして、うまく利用する手を思いつく。遊びにまぎれさせて、攻撃（罰などの）をかわそうとする。犬たちはすぐにゲームのやり方を学びとる。少なくとも、ゲームにできるものはすぐわかる。そこで、衣類や道具を振りまわし、くわえて逃げ回ることになる。呼ばれても行きたくないとき、たいていの犬は「ゲーム」をしてごまかそうとする。飼い主に自分を追いかけさせれば、犬はそれだけ長時間戸外にいられるというわけだ。

祖先のさまざまな行動を編成し直して、遊びにしてしまうことにかけて、犬はたぐいまれな才能の持ち主であり、その結果の奇妙さはこの世のものとは思えない。特に、新しくやってみたゲームが、反応を誘うことにうまく成功したりすると、極端なことが起きる。やたらにそこらを掘り返す、自分の尾を追い回す、物を咬みしだく、何かを盗むなどは序の口。

よく見られる極端な症状は、学術的には上品に「コプロファギー（食糞症）」と呼ばれるものである。狼には、体の大きな有蹄類（馬や牛のようなひづめを持つ動物）の糞を食べる本能がある。これは、死体をエサとする動物にとっては、栄養上、完全に適応的な行動である。母犬は、子犬が自分で歩けるようになるまで、子犬の尿や糞をなめ取ってやる。これは、子犬や巣を清潔に保つという目的にかなった適応的な行動である。しかし、自分の糞やほかの成犬の糞を食べるのは、腸内寄生虫を取り込むことになるので、明らかに反適応的な行動である。ところが、少なからぬ割合の犬がこの行為をする。退屈あるいは食物の量の不足によることもあるが、多くの場合は、祖先の本能行動を遊びに転化させそこなった混線によると考えられる。犬が書類を盗み、人間が飛び上がって追いかけてきたりすれば、してやったりということになる。そうすると、ますます喜んで繰り返す。それと同じ原理で、糞を食べると、飼い主の面白い反応を引き出せる。それは、この行為を強化するのに十分なのである。

これらの行為をやめさせるのに、実効がある唯一の方法は、無視すること。叱るのは逆効果で、罰までも遊びに転化させてしまうことになる。

犬は人間を犬だと思っている

犬が人間と折り合いをつけるのに使える知的手段は、犬が進化する過程でほかの犬と付き合うために用意されたものだけであり、それ以外には持ち合わせていない。裏を返すと、人間は、犬がもともと持っている社会行動上の本能を、本来の目的からはずれた使い方をさせているのだ。

子犬が、何が犬で何が犬ではないかをはっきりと学びとる以前に、人間は、子犬の社会化過程に、自分たち人間を強引に組み込んでしまう。そうすると、当然のことながら子犬は、「社会的対犬関係」を結ぶ相手には人間も含まれていると思わされる。犬とまったく同じように振る舞う人間と一緒に育てられると、犬は、間違いなく、人間に対しても犬と同じ付き合い方をするに違いない。もちろん、人間は犬とそっくりそのままではない。しかし、比較的重要な局面で、人間と犬には**ある程度共通しているものがあり、犬は、人間の行為を何とか犬社会の枠組みに取り込むことができる。**特に、社会的序列の優劣や警告する動作や声の調子には、共通性がある。

一方、犬の社会的作法の中には、人間なら絶対採用しないものや、積極的に排除したくなるものもある。多くの人は犬と遊ぶけれど、犬の鼻や首に咬みついたり、床の上でレスリングしたり、犬のチューインガムや骨を取り合って、喧嘩のまねごとをしたりしない。

犬が、人間との間で社会的関係を結び、**人間に対してやってよいことと悪いことの決まりを学ぶ**場合にも、基本的には、ほかの犬と社会的関係を結ぶ枠組みの中に人間を取り込む方法を習得するのである。特に、社会的序列の局面で、相手の人間をどう位置づけるかを習得する。そこで、犬の社会階層に別枠をもうけて、＊印をつけて人間を記入するのである。犬本来の振る舞いであっても、そのあるものは禁止されているということは、一応は学んでいる。

＊印の大きさが重要である。それが少しでも実情に合わないと、問題が起きる。＊印が大き過ぎると、人間から見たとき、犬は野性的で警戒心が強く、手なずけるのが難しい。犬は、人間を自分の群れのメンバーと認めないだけでなく、ほかの犬の群れから来たライバルとさえ思わない。人間は、ひっくるめてエイリアン（異種動物）である。エイリアンなら、捕食者か獲物かのどちらかである。とても友好関係は成り立たない。社会化に失敗した犬は、犬社会のルールを人間に適用することができず、**人間を恐れ続けるのが普通である**。

人としての人、犬としての人

一方、社会化を成功させるのに決定的に重要な時期に、人間の手だけで育てられた子犬は、たいていは犬に対するのと同じように人間と付き合うようになる。特に、人間を性的対象にしようとして、人のすねに乗りかかり、腰を突きつけて喜ぶようになると迷惑至極だ。成犬の交尾行動パターンの一部、特に乗りかかり行為を、幼若犬が遊び感覚で行うのは、普通のことで、これもまた、犬の遊び好きという特性から生じたことである。犬が、飼い主の関心を引くために行う、ほかの煩わしい行為の場合と同様で、乗りかかり行為も、無視するのは難しい。だから、知らず知らずのうちに強化してしまうことが多い。

犬本来の社会的ルールをよけて人間に例外規定をうまく適用できない犬は、ほかにも多くの奇怪な行動をする。飼い主の靴の中に吐くのは、おそらく、神経回路のどこか別のところが混線しているに違いないが、飼い主は犬ではないということを、納得しきれなかったことによるのだろう。郵便配達人などの定期的になわばりに侵入してくる人間に対する犬の反応も、もとはといえば、**人間を犬と同一視している**からだ。

異常行動を矯正する専門家と称する人々は、このような「問題」行動に数多く出会うわけだが、中には原因を取り違えている者もいる。問題行動を専門とする獣医師のニコラス・ドッドマンは、犬が訪問者をあまり激しく攻撃するのは病的であり、異常な不安、恐怖によるものだという。そのうえ彼は、しばしば、抗不安薬やプロプラノロール（心臓病、高血圧、アガリ症のような心理症状に使われる）を処方する。ドッドマンは、人間は犬ではないのだから、犬のこの攻撃がなわばり関連行動とは思えない、と言っている。「コマドリは、相手がコマドリなら、なわばりを守るために死ぬまで闘うだろう。だが、トカゲが来たからといって、なわばりを守るコマドリなんて、聞いたこともない」と。ドッドマンは、犬が人と動物を混同するのは「犬的失読症」のせいだという。

しかし、ドッドマンの主張は明らかに言い過ぎだ。**犬は、生まれつき備わった方法で対犬関係を構築する。その同じ手段を使って対人関係を結ぶ**。この無数の例を、われわれは見知っている。そこに「異常性」はいっさいない。少なくとも、人間と共生するようになった全経過に照らして考えれば、それは決して異常ではない。

犬は社会化しようという本能を持って立ち現れ、その本能を人間に対しても素直に適用したのだ。現実には、犬が人間に＊印をつけて心に書き込むときには、もともとの社会化本能だけが働くのではなく、報酬が与えられる強化と訓練が重要な役割を果たす。

明確な教育によって、犬の社会化本能に手を加えなければ、人間を犬と区別させることはできない。

犬のなわばり行動

このような事情があるのだから、犬が自分のなわばりに入ってきた人物に対して、狼がなわばりを侵したよそ者狼を警戒するのと同じように振る舞うのは、まったく自然なこと。野良犬の研究でわかるとおり、今では、犬のなわばり意識は狼に比べてはるかに低く、自由放浪犬の群れ同士でなわばりが重なっても、争いは起きない。しかし、行き当たりばったりの生活をする野良犬にも、通常、休息をする中核地点があり、侵入者はきびしくとがめられる。この中核地点は、ほかの群れの中核地点から二〇〇メートルほどしか離れていない。それでも犬たちは、そこを基地と考えており、その意味では、狼のなわばり意識のなごりだと考えられる。

このような、犬のなわばり行動は、**恐怖感と不安感によって増強される**。そのうえ、飼い主は、意図せずそれを強化していることがある。なわばりへの侵入者を前にして、犬が飼い主を守るかのような行動をする場合、恐怖感が重要な要素である。実際は、恐ろしくなって、群れの有力なメンバー（人間）のそばにへばりついて、安堵感を得ようとする臆病な行為なのだ。これは、被助長性攻撃の別の現れ。侵入者に対して自分が取った攻撃姿勢に、群れの有力メンバーが優しい態度で反応してくれると、犬は励まされたと感じる。ほかの条件では、進んでそんな攻撃行動をしようとはしない。子犬が突然怖いものに出会ったとき、あたりかまわずめちゃくちゃに吠えて、兄弟姉妹のいる巣に逃げ込む。この状況では誰も、子犬が兄弟姉妹を守ろうとして吠えているなどと思わない。侵入者と出会った犬が飼い主のそばに逃げかえるのは、それとまったく同じなのだ。多くの飼い主が意図的に、あるいは無意識的に、これらの犬の行動を助長している。あるいは、**番犬**として有益だと考えて、意図してほめてやることもあるし、ほめるつもりはないが、犬に優しく「郵便屋さんよ」などと言って、犬の行動を強化している。優しい声をかけられた犬は、吠えたり、唸ったり、ドアに飛びかかったりしたことを、ほめられたのだと思い込む。

侵入者が毎日決まった時間にやってくると、犬はそれを予測するようになる。予測性不安感が生じ、それが次第に強くなる(飼い主が帰宅して激情的に犬を愛撫すると、そのあまりにも強い刺激によって、同じような**予測性不安感**が生ずる。これが高じると、飼い主の帰宅時間が近づくと興奮し過ぎて、破壊的な行動に及ぶこともあり得る)。

犬は、奇妙な原則を勝手に習得することがある。例えば、男性だけに吠える、制服を着た男に吠える、大きなトラックを運転する男性に吠える、など。私の飼っている年取ったコリーは、郵便配達の車が四〇〇メートル先にまで近づくと、その音を聞きつけて興奮し始める。だから、**定期的に来る恐怖感と不安感が強すぎる犬の場合**には、ドッドマンの治療法が正しいかもしれない。このような場合は、薬を与えて、一度、周期的循環を断ち切るのがいいかもしれない。

しかし、誰かに吠えかかることの根底にあるものには、何の不思議もない。犬は、なわばり動物であり、なわばりを侵す者に対して敵意を示し、脅かすようにできているのだ。

複数の犬を飼っている家庭では、きわめて深刻な抗争が生ずる。それは、人間が犬の社会生活に複雑に組み込まれるためである。

次のような場合が、典型的な事例。序列が下の犬は、ほかの犬にかなりいじめられる。自分の骨を取り上げられる、横になるための快適な場所から追い出される、誰かのそばに近づき過ぎると唸り声で脅される、自分より上位の犬が甘えている人物のそばに近づくと体当たりを食ったり、飛びかかられたりする。人間社会で出会う、似たような情景と混同することはないとしても、何頭かの犬がいれば、誰が優位に立つかをめぐって起きる紛争を解決するのは楽でない。

本来、犬は出世主義者だから、一つの家庭に多数の犬がいれば、必ずある程度は不安定になる。かつては優位に立っていた犬が老いて衰弱してくると、それまで何年も何事もなく従っていた犬が、挑戦を開始することがある。犬のグループに、別の成犬を持ち込むと、それまでに設定されていた序列が崩れ、筋目が通るまで乱闘が続く。挑戦は、ひどく暴力的なこともある（狼の場合は、必ずそうなる）。それでも、複数の犬を飼育する家庭で起きる、この古典的な状況の興味深いところは、たいてい、**犬が自分たちだけで事を収める**点である。飼い主がいなければ、うまく処理をして、普通、暴力的な抗争をすることはない。

ところが、**飼い主が介入すると**、険悪で暴力的な闘争が始まり、中の一頭がひどく傷つくこともある。ほぼ必ず、犬の封建的社会構造に、人間が民主主義を持ち込もうとして、面倒を起こす。飼い主は、自然の感情で、下位の犬に同情し、弱い者いじめをする優位の犬を叱りつけて、事態を公平に収めようとする。これでは、犬世界を根底からひっくり返してしまう。飼い主は下位の犬が取り上げられたおもちゃを返してやり、飼い主の隣の一番いい場所に寝かしてやる。あるいは、全部の犬を均等にかわいがって、「公平」であろうとする。そこで下位の犬は、きわめて単純な学習をしてしまう。飼い主がいれば、ほかの犬たちと対等にやれる。自力では決してできないのに、やってみたくなるのも無理はない。これが、優位の犬たちからの激しい反発を招くのは、目に見えている。優位の犬は、自力でその地位を勝ち取ったのだ。まるで、どこかの国の抑圧された農民に、アメリカがいい加減な支援を約束して扇動し革命をうながし、何箱かの缶詰と、ボイス・オブ・アメリカを聞くラジオを送るのと同じようなことだ。そんな事態になったら、トップの犬は、革命を初期のうちに押さえ込むため、武力を総動員して、力で圧倒するだろう。

複数の犬がいる家庭での衝突は、狼の群れにおける優位争いと同じく、主に同性の犬の間で起きる。狼の群れでは、雄と雌には、それぞれ別の序列がある。家庭内の犬対犬の抗争でも、大部分は同性の犬同士でなされるという事実は、これが社会的地位をめぐる紛争であることを確認させる有力な根拠である。

唯一の有効な解決法は、民主主義と平等の原則を放棄することである。犬社会を改革しようというのは、そもそも無謀。残念ながら、平和を維持するには、独裁者を支持するしかない。

戦術としては、トップの犬の優位性を強化し、下位の犬に何かを考える余地を与えないことである。あいさつする時には、まずトップの犬をかわいがり、先頭を切って戸口を通らせ、真っ先におやつや食事を与え、下位の犬に対する少々の威嚇的態度（牙をむき出す、唸る、体をぶつける）は大目に見る。これらすべてが事態を安定させる。われわれ人間の公平感には反するが、二頭の犬が闘っているとき、優位の方でなく劣位の犬を叱るのも効果がある（やり過ぎてまずいことになることもある。狼の群れに、注目すべき一つの行動がある。上位の狼が下位のメンバーを攻撃していると、当事者以外のメンバーが攻撃に誘い込まれることがある。この拡散効果は、別の形の被助長性攻撃である。争いとは直接関係のない地位の低い狼が、上位の狼の行為に刺激され、それ以外の条件のときには示さないような攻撃性を示す。したがって、劣位の犬をひどく叱りすぎると、ほかの犬の攻撃を誘うことになりかねない）。下位の犬は、その地位に甘んじ、自力で維持できないような地位は望まないことが平和を維持するための鉄則である。

われわれ人間にとって、この態度を貫くのはきびしい。なぜなら、われわれの心には公平を尊ぶ気持ちが染みついており、そのうえ、子供の自尊心を傷つけないような子育てをしなければならないという精神を、児童心理学者から何年間も教えられ続けたからである。われわれ人間にとって、社会的に従属した地位にとどまっているのがよいことだとは思えない。劣等な地位には抑圧、精神的苦痛、不幸が伴うと、どうしても思ってしまう。しかし、犬社会では、おのれの社会的地位が高くても低くても、それを分相応と受け入れる犬が幸せなのである。犬の社会では、心理的ストレスや精神的苦痛、それにむき出しの暴力沙汰は、序列を乱すことから生ずるのだ。

犬の異常行動治療の本は、普通、家庭内の犬同士の対立は「兄弟競争」であるとしている。この説明はひどい。これは、不用意に擬人的なだけでなく、現実に起きていることの本質を見逃している。犬同士の競合が問題なのではない。人間が騒動の種を持ち込むことが、決定的な原因なのである。人間の「兄弟姉妹間抗争」を収めるには、親から平等に注目され愛されていると、それぞれの子供に納得させることが大切である。反対に、犬同士の家庭内抗争を解決するには、飼い主が平等に扱っていないことを、犬たちに思い知らせる必要がある。

関心を得るためには手段を選ばない

人間の心気症（気病み）は、体は何でもないことがはっきりしているのに、自分は病気だと思い込むので、奇妙でやっかいである。

犬の心気症は、いろいろな点で、はるかに罪がない。犬は、何かの行為をすればごほうびがもらえることを学ぶと、そのように行動する。遊び好きの素質のおかげで、犬が動作を創造する力量はたいしたものである。それに、社会から注目されたいという欲求がきわめて強いので、この二つを心の中で簡単に結合させてしまう。

本当に病気になったために優しくしてもらったことのある犬は「**病犬症候群**（シック・ペット・シンドローム）」にかかる有力候補である。普通におとなしくしていると放っておかれるが、病気の症状が急にぶり返したとたんに、飼い主があわてて撫でてくれて、心配そうに優しい声をかけてくれたりするのを、またたく間に学びとる。犬はよく吐くけれど、そのために心配され、特別な食事を与えられたりすることもまれではない。何でもないときは、いつも同じ古い固形ペットフードだけしかもらえないが、吐いたり、下痢をしたりすると、ハンバーガーご飯にありつけることを、ちゃんと学習する犬が出てくる。こうして犬は、跛行、麻痺、筋肉けいれん、鼻水などの、空想症状をつくり出す。

仮病かどうかを確かめるには、犬を部屋に残し、いつも世話をしてくれる人がいない状態にして、そっと窓からのぞいて見るのがいい。ベンジャミン・ハートによれば、多くの飼い主は、重病ではないかと心配しており、犬が演技をしているかもしれないと警告されても、信じようとしない。ところが、肢が痛かったり麻痺していた犬が、まわりに誰もいないと知るや、急に立ち上がって家中を飛んでまわるのを見て、仰天する（ハートはまた、次のように言っている。「この種の運動機能の仮病は劇的に直るので、獣医は飼い主に、あなたの犬は演技の天才だと説明すればいい」）。ひとたび演技をしているのがわかってしまうと、治療は簡単。犬が、いつものように具合が悪いふりをしたら無視し、正常に戻り静かに横になっているときにかわいがり、優しくし、おやつを与えればよい。

観客がいるときだけ演技をする犬は、観客の心理がわかっているかのように思える。これは、犬には「精神」および他人の考え、知覚、感覚を想像する能力が欠けているという、すでに実証された結論に反するかのようだ。しかし、この場合、犬は単純な連合学習をしたにすぎないというのが、ほぼ確かなところである。関心を引きたい犬は、人間に注目してほしいのだから、人間の存在が、学習したその行動の解発刺激となる。これは、ドッグフードの袋の上に飛び乗ることを覚えた犬と、何の変わりもない。この場合単純に、報酬と連合した対象の存在が、飛び上がり行動を起こさせたにすぎない。

犬は、誰かが自分を見ていて、自分の行動を理解しているなどと考えてはいない。彼が学習するのは、誰かがいる前でこの行為をすれば、ほうびがもらえるということだけである。逆に、誰もいないところでやっても、ほうびは来ないということも学ぶ。「仮病犬」の中に、誰もいないのに症状を示す犬がいるのは興味深く、また重要だ。ほかの誰かに影響を及ぼす目的で自分は演技していることを自覚しているのであれば、観客のいないところで芝居をするなどという愚かしい間違いをするはずがない。

特別に関心を集められるとなると、犬はどんな異常な振る舞いでもやってのける。犬には、物に飛びつき追いかけるなどの、いくつかの生得的な定番行動がある。そこで、これらの定番行動を素材にして、関心を引くための行動をつくりあげる。想像上のハエに飛びつく、影に吠えかかる、フラッシュライトの光線を追いかける、などだ。遊び好きの犬の特性が遺憾なく発揮され、関心を引くために、生得的な定番行動を新たに珍妙に組み合わせて、ほとんど無数の仕掛けがつくられる。変なふうに頭を振る、後ろ向きに歩く、奇妙な声で遠吠えする、食器洗浄機の上を飛び越える、などである（これらは全部、私の飼っていた犬たちが行った行為。ただし、一頭がこのすべてをしたのでもないし、また、これを同じ時期に行ったのでもない）。

犬の**社会的接触に対する執着心**は、食物に対する興味をしのぐほどである。社会的関心を引くための手段として、絶食することさえある。絶食している犬に、飼い主が手でドッグ・フードを与えると、犬はそれが楽しくなって、定期的に絶食するようになることがある。これが急速に激しくなり、犬に食べさせようとする飼い主の努力は、時として異常な事態となる。食事をする前に飼い主にさせるさまざまな儀式を考え出す犬がいる。例えば、飼い主の足首を咬ませないと食べない、という態度を定期的に示す犬の報告がある。**犬の拒食症の症例**は、数多く報告されており、関心を引こうとした結果、衰弱してしまった実例がある。

これと関連があり、より一般的なのは、**普通に与えられるドッグフードよりもっとよい食事を獲得することを学ぶ犬**たちである。もし食べないでいると、飼い主がベーコンの脂や、肉の切れはしをドッグフードの上にのせてくれることを、犬はすぐ覚える。そして、要求水準は直ちにはね上がる。

獣医師キャサリン・ハウプトが、次の症例を報告している。一頭のアラスカン・マラミュートは、飼い主を教育し、毎日、カップいっぱいのアイスクリームとボウルいっぱいのドッグ・ビスケット、注文するとスクランブルエッグや生のビーフなどのさまざまな料理が与えられる。この犬は、二、三日は同じ料理を楽しむが、すぐ食べなくなり、新しい料理を要求した。

ほかのすべての「関心を引きたい」行動と同じく、このような犬の場合も、要求を無視し、一日に一回ドッグフードを与え、一五分たったらそれを取り上げることによって治療できる。普通、数日で完全に治癒する。中には強情な犬もいるが、ほかに選択の余地を与えなければ、死ぬまで飢えに耐える犬は普通は存在しない。

テキサスの偉大な物語作家ボブ・マーフィーが、次のような話を書いている。

老いた農夫が、犬を養うのに費用がかかると隣人に向かって嘆いた。隣人が言った。「わしと同じようにすればいい。わしは、犬にかぶの葉っぱしかやらん」農夫が叫んだ「かぶの葉っぱだって！　おれの犬はそんなもの食わんよ」「ほう、わしの犬も、二週間は食わなかった」

これが、**生意気な犬を扱う極意**だ。

犬が創造する問題行動についての多くの文献を読んでいると、子犬を育てるのが怖くなるくらいだ。

ちょっとした操作ミスやタイミングを間違えた注意によって、犬の一生を台なしにする悪影響を与えそうな気になる。しかしこれは、医学生症候群のたぐい。この症状に陥った新米の医師は、医学書で勉強したての悲惨な症状が患者に現れると思い込む。

安心できるのは、**犬のこれらの悪い潜在能力の大部分は、ひとりでに矯正される**という事実。少なくとも、飼い主が、ちょっとだけ自尊心を持ち、ほかの動物種である犬に強制されたり、威張られたり、絶えず仕事を押し付けられたりするのを断固として拒否する気持ちになりさえすれば、おのずから治ってしまうような欠陥なのである。

8章 困った犬、困った飼い主

多くの人が飼い犬の問題行動に困り果てて、動物行動治療の専門家を訪れる。

その理由のうち飛びぬけて多いのが、「攻撃」である。

特に、飼い主に向けられる攻撃。

アメリカで犬に咬まれる人は毎年五百万人に達し、百万人が病院で治療を受け、十二件の死亡事故がある。

犬による咬みつき事件被害者の過半数は子供。アメリカの普通のウイークデイには、一〇人の郵便配達人が、犬に咬まれているのだ。

人に咬みつくのはなぜ？

この特殊な犬の問題行動について、法律は「危険犬」とか「要注意犬」とかの烙印を押すだけで終わらせ、犬の心にまで踏み込むことを拒否する傾向がある。法廷は、攻撃した事実を裁くだけだ。犬の行為が、遺伝性の異常行動によるのか犬固有の本能によるのか、飼い主の自由放任主義の結果か道徳心の欠如か、幼犬の時代に頭を一撃されたためか、内分泌異常か、などに関心を示すことなく判決を下す。

一方、動物行動治療の専門家は、当然のようにリハビリテーションを勧める。それが彼らの収入源だからだ。これは、ある犯罪者が有罪か無罪かという議論を、行動異常についての高度に複雑な専門領域に引き込む心理学者のやり方と軌を一にしている（もちろん、異常かどうかを判定する資格があるのは、心理学者に限られると主張する）。動物行動治療の専門家も、犬の攻撃行動を無数の臨床的病名で分類する。

生物学の視点に立てば、法律的な取り扱いも、臨床治療的なアプローチも、いずれも不適当。どちらも、今日犬が直面している特殊な事情を考慮してはいない。

犬が人間を攻撃する事件の数がきわめて多いという事実は、それだけで、人に対する攻撃は犬がずっと昔から持っている基本的特性の一つの表現であることを示している。ところが奇妙なことに、前に述べたように、野良犬やゴミあさり犬は、人間に対してそれほど攻撃的ではない。**犬による咬みつき事件の圧倒的多数は、野良犬ではなく、ペット犬のしわざ**である。普通にペットとして飼われている犬は、数百年、いや数千年間も、意図的に粗暴な性質を除く方向に選抜されてきたのだから、どちらかと言えば、攻撃性は弱くて当然なのである。ペット犬は人の家庭で育てられるので、たいていは人間との間の社会化が完了しているはずである。

それなのに、伝えられる事実からは、近年、事態がますます悪化していると感じられる。獣医学専門誌には、犬の攻撃性についての論文があふれている。そのうえ、ペット犬が一頭で家の中で留守番をしているとき、家具、カーペット、ドア、その他さまざまな道具をかじる破壊行為が増加傾向にあるという。

これらの犬の行動を異常だと思うのが、そもそも間違いである。**さまざまな生物的、もしくは人為的な作用**により、思いもよらない結果が生じている。

危険な犬種

犬の攻撃性について一般に知られている説明は、部分的には正しい内容を含んでいる。しかし、事態を完全に理解するにはほど遠いものが多い。

そのことをはっきり示すものとして、特別に悪質な攻撃的な犬種があって、少なくとも一部の人々の間で人気が出て、数が増えたために、事件が多くなったのだという説がある。

アメリカン・スタッフォードシャー・テリアやロットワイラーが、子供を襲った事件が新聞に大きく取り上げられ、多くの自治体が、危険な犬種だとして、飼育禁止条令をつくった。いくつかの犬種が、麻薬ディーラーの用心棒や、男っぽさのシンボルなど、嘆かわしい目的に好んで使われるのは事実だ。十五年間にアメリカで起きた**犬による咬みつき致死事件**のうち、犬種が判明しているケースの半数で、犯人（犬）はアメリカン・スタッフォードシャー・テリアとロットワイラーである。しかし、犯人のリストの上位に、ハスキー、マラミュート、セント・バーナード、グレート・デーン、秋田犬の名も認められる。殺人犯にはならなかった場合でも、人間を攻撃するので弱りはてた飼い主が、**行動治療動物病院に引っぱってくる犬**の犬種の数は、それよりはるかに多い。あるオーストラリアの動物病院の報告によれば、攻撃性の治療にくる犬種は多い順に、ブル・テリア（16％）、ジャーマン・シェパードおよびその雑種（15％）、牛用番犬（ブルー・ヒーラーとその雑種、9％）、テリア（9％）、ラブラドール・レトリーバー（8％）、プードル（6％）、コッカー・スパニエル（6％）、ロットワイラー（５％）である。コーネル大学獣医学部の行動治療科を受診した犬で、治療不可能と判断して安楽死させた一一六頭の主な犬種は、イングリッシュ・スプリンガー・スパニエル（13％）、ビーグル（５％）、ラブラドール（５％）、ケアン・テリア、オールド・イングリッシュ・シープドッグ、コッカー・スパニエル、ミニアチュア・プードル（各４％）であった。

これらの数字には、明らかに、いろいろな要素が絡んでいて偏りがある。プードル、コッカー・スパニエル、ラブラドール、テリアは、人気の高い犬種で、出身母集団が大きいから、攻撃行動を起こした犬の数が多く、統計に登場してくる回数が、ほかの珍しい犬種より多くなっているのかもしれない。もう一つ避けられない偏りは、飼い主がどのような意図でその犬種を選んだかである。自動車中古部品販売業者が、アメリカン・スタッフォードシャー・テリアを飼うとしたら、攻撃性を期待しているのであり、彼はその行為を矯正すべき問題とは考えない。

一方、ペットとして手に入れた小型犬が同じ行動をすれば、飼い主は動物精神病院にかけ込む。労働犬の飼い主に、**犬の問題行動についてたずねたアンケート**がある。その結果も同じように、犬に問題があってもそれを無視している可能性があって、あまり信用できない。ある獣医師が患者を対象にこの種の調査をした結果、異なる犬種の飼い主の間で、問題意識が極端に違うことを発見した（あるプードルの飼い主は、アンケートの項目にいっさいマークをつけず、こう書いた。家中に糞をしてまわる以外、何も問題がありません）。それでも、この二二四九頭の犬についての調査は、問題がまったくないと答えた飼い主の回答も含んでいるので、犬種の人気度による偏りの修正がなされ、攻撃性または咬みつき行為の犬種間の比較が可能となった。トップはダックスフントで、この犬種の回答の14%の犬が攻撃的だった。次がグレート・デーンの13%、ラーサ・アプソの11%、ジャーマン・シェパードの9%、セント・バーナードの8%と続く。飼い主に対する咬みつきの割合がもっとも高いのは、シドニー・シルキーの15%で、シュナウザーおよびジャーマン・シェパード（13%）、コッカー・スパニエル、ラーサ・アプソ、シェットランド・シープドッグ（各11%）、コッカプー（9%）、ダルメシアン（8%）と続いた。雑種は攻撃性、咬みつきともに6%が問題犬で、順位は低かった。

このように、アメリカン・スタッフォードシャー・テリアそのほかの、攻撃的なことで悪名高い犬種は、人間をおそった報告数では上位にランクされるが、悪者の犬全体の中では、決して大物ではない。スプリンガー・スパニエル、コッカー・スパニエル、ラブラドール、ビーグル、ダックスフンドなどの、おとなしいと思われている犬種が問題犬リストの上位に顔を出していることから、犬の問題行動は、飼い主がけしかけたためでもなければ、攻撃性を目的にした育種や訓練の結果でもないことがわかる。

アメリカでは、一年に一五〇〇万頭の犬が収容所に送られるか、獣医師によって安楽死させられる。これは全飼育犬頭数の四分の一にあたり、ほとんどは矯正不可能な問題行動のために飼い主が手放すのである。たいていは攻撃行動が原因であり、これらの飼い主たちは犬に裏切られたのだ。

このような犬の攻撃性が低下することなく、かえって強くなる傾向について、三つの主張が広く知られている。犬による攻撃事件の責任の所在について、次のように意見が分かれているのだ。

①悪いのは、犬に咬まれた人である

②犬が悪い

③飼い主こそ責められるべきである

問題解決法は、それぞれまったく違う。人間社会の反社会的行為や犯罪と精神障害についての議論と不気味なほど似ているのは、たぶん、偶然ではないだろう。

①悪いのは、犬に咬まれた人である

主張①は、犬の攻撃性は、訓練や治療により弱めることのできない性質だと言う。「われわれはみな野獣」学説である。

実際に、この意見はすぐに、「被害者が悪い」とか「実は彼女が望んでいたのだ」説に転化する。この見解を主張する人々はたいてい、犬の攻撃が「適当だったか」「不適当だったか」を問題にし、犠牲者の側から「挑発」があったかどうかを探ろうとする。そして次のように主張する。犬は基本的には野獣であり（あるいはその「番犬的」性質を求めて人間が家畜化したので）、すべての犬が攻撃的になる素質を持っていて、中には異常に野性的な犬種もある。それは、犬には被毛があるのと同じことだ。

この主張は、合衆国人間協会などのグループと思想的に相通ずる立場である。彼らは、すべての人間・動物間の衝突は、人間の失態が原因だと考える。動物は自己抑制のできない生き物に過ぎないのだということを、人間が理解しないで適切な対応をしないから、事件が起きるのだと言う。この学説の支持者は、表立った宣伝活動を熱心に展開しており（犬咬みつき事件全国予防週間）、犠牲者になりそうな人を教育することが、犬による咬みつき事件を防止する上で決定的に重要だと考える。彼らの忠告は、イエロー・ストーン国立公園のレンジャーから渡されるパンフレットに載っている、灰色グマに食われない方法、水牛に踏みつぶされない方法とまったく同じ。子供たちには、犬が近づいたら「樹になれ」「材木になれ」と教える。中立的で威嚇的でない姿勢をとれば、犬は対抗する意欲を失うに違いないという発想だと、ある主唱者が述べている。「樹になる」には、脚を閉じて立ち、ひじを胸の前でまげて、こぶしを首の下につける。これは、襲いそうな犬、咬みそうな犬が近づいてきたときには、よい姿勢である。またこれは、友好的な犬であっても無害である。そう、愚かしく見えること以外は、無害（この学派の分派に「現代社会のストレス」派がある。彼らは、現代の巨大化した都市の生活がつくり出すプレッシャーが、犯罪の下地になっていると言う。すべての犬が潜在的な犯人であり、その中で実際に罪を犯してしまうのは、不自然でストレスに満ちた環境が、犬の背中を一押し、一線を踏み越えさせるからだ）。

②犬が悪い

主張②は、「悪い血筋」説で、次のように主張する。

ドッグ・ショーと近親交配が万能な現代の繁殖方法が、あらゆる悪い傾向を助長する。攻撃性があっても、それには無警戒に繁殖されるので、多くの犬種で、攻撃的な犬の割合が増えることになる。この意見では、攻撃性は、犬の正常な心理的特性の範囲から除外され、異常な反応だと見なされる。しかも遺伝的だと言う。この学派は、アメリカン・ケネル・クラブが諸悪の根源だと見なしている人々や、個人飼い主の気持ちを楽にしてやりたいと思っている人々の心をつかんでいる。

この説は、悪事を働いた犬の飼い主の責任を免除する。悪いのは欲に目がくらんだ悪徳組織が支配する、顔を見せない巨悪であり、彼らにこそ罪があると主張する。これはまた、問題を医学的にも解決しようとする。そこで、アルコール依存症、麻薬中毒、怠惰、ギャンブル中毒、性的乱交などを、道徳的欠陥ではなく、医学的治療の対象と考える前衛的な考えと共鳴する。

③飼い主こそ責められるべきである

主張③は、「ローラ博士」説である。犬の不品行は人間の道徳上の問題である、と考える。

これは犬訓練士の伝統的な考え方で、悪い犬などは存在せず、すべて飼い主が悪いのだと主張する。

この意見が犬繁殖業者に人気があるのは当然で、彼らは問題犬に対する非難を顧客である飼い主の方に転嫁して、悪い性質が遺伝しているかもしれないなどと絶対言わない。この見解によれば、犬が人を咬んだり攻撃したりするのは、飼い主が自由放任主義で、甘やかし過ぎた結果。そうなった犬は、わがままになり、飼い主である主人を無視して、服従しない。犬の行動には、人間がほとんど手に負えないものや、ちゃんとしつけたのに治らないというものは存在しない。

これは明らかに、犬の訓練士や繁殖業者に都合のよい立場だ。彼らの主張を支持する証拠として、問題があるとされている犬種でも、訓練次第で行儀のいい犬がいくらでもできると指摘する。アメリカン・スタッフォードシャー・テリアを擁護する人々は、この犬種でさえ、ちゃんと訓練すれば安全で、すばらしいペットになると言い張る。つまり、適当な教育と、分をわきまえさせることが、すべてなのだと言う。

これら三つの広く知られている主張には、それぞれ幾分かの真理が含まれているが、**攻撃性の原因は何か**という基本的な議論に迫ったものは一つもない。何が攻撃性の原因なのかは、そもそも生物学上の課題なのである。これに取り組むには、これまでとは違った角度からの接近が必要である。

いろいろな怒り

犬の行動治療の専門家（多くは獣医師であり、彼らはこの領域が特に有望な市場であることを発見した）は、何が攻撃性の原因かという問題を丸ごと避けて通ることにして、ひたすら中立的な「疾病」「治療」「投薬」などの話題に引っぱり込む。これは賢い戦略でもある。飼い主、被害者、それに社会のいずれをも非難することがないからだ。攻撃性は異常行動だと断定する。しかし、誰かが悪いわけではない、という。

もちろん、効果的な治療をするためには、専門の医療技術が投入される。ペンシルベニア大学の動物行動治療獣医師カレン・オーバーオールは、次のような厳粛な警告を与える。

「服従訓練、子犬学級、および個別の訓練に、それぞれの役割がある。しかし、一度問題行動が起きてしまうと、これらの手段は、行動治療専門家による医療行為の代わりにはならない。問題行動をする大多数の犬は、行儀が悪いのではなく正常でないのだ。だから、正常だけれども悪い振る舞いをしているのだというつもりで対処し矯正すれば、正常に反応するようになると期待するのは、動物にもその飼い主にも危険である」

もう一人の同意見の持ち主、ロジャー・マグフォードは、治療の一つの目的は飼い主の「過度の罪悪感」を取り除くことだと、率直に言明する。

「犬の引き起こす、さまざまな行動上の不行跡は、飼い主による誤った扱いによるものだと、広く信じられている。犬が問題を起こすのは飼い主の罪だという考えは、訓練士や獣医師の社会に広がっている」

彼は、この考えは間違いだと主張しており、彼が推奨する治療法に害を及ぼすと考える。マグフォードはまた、誇らしげに次のように述べている。彼の診療所を訪れるとき犬は、首輪と引き綱しかつけていないが、退院するときは、機器、おもちゃ、オーディオ・テープ、食品、行動予定表、マッサージ器、ホールター、伸縮引き綱などをつけた花綱で飾り、楽しげな写真を撮って帰っていく。

行動治療獣医師たちが、患者の問題を記述するときに使用する用語は、犬の不品行が道徳性とは無関係な疾病であることを強調するように巧妙に計算されている。問題行動に症候群の名称を与えて、医学的原因による医科学的現象だと思わせる。そこで、犬の行動治療学会には**犬の行動症候群名があふれている**。もちろんこれは、医療的詐術の通常の手口。治療現場で、われわれは、さんざん医学用語を聞かされ、それで何かがわかったと思い込まされる。難しい病名をつけるのは、患者を黙らせるのに都合がよい方法だ。「ハルダニッシュ・グゾーレンプラッツ症候群」などと医師に言われれば、仕方がないと患者はあきらめる。

そこで、犬行動治療獣医の領域では、さまざまな犬の不行跡の些細な差異を取り上げ、それに対応した診断を下して治療する傾向が強い。ある書物の中で、獣医師たちは、犬の攻撃性を一ダース以上の違うタイプに分類した。すなわち、競合性攻撃、警戒性攻撃、恐怖性攻撃、苦痛性攻撃、なわばり性攻撃、対犬関係性攻撃、性行為性攻撃、母性攻撃、転化性攻撃、遊戯性攻撃、学習性攻撃、食物関連性攻撃、所有欲性攻撃、優越性攻撃、過敏性攻撃、捕食性攻撃、および特発性攻撃である（特発性という用語は特に便利。科学的に聞こえるが、実は原因不明という意味である）。別の著者たちによる研究では、犬が襲った相手によって攻撃性を分類しているものもある。相手が、飼い主、他人、家族内の犬、よその犬などで攻撃の性質が違うという。

犬が、さまざまな異なる状況で攻撃性を示すことは、言うまでもなく、その通り。特定の犬を攻撃的にさせる事物に対応した有効な対策を立てるのも、当然のこと。しかし、これらを臨床的に分類してみたところで、ただ分類するだけで、分類の仕方が攻撃性の生物学的根拠や原因の差異に対応しているのかどうかは、明らかにならない。

この分類の長所は、歯をむき出したり唸ったりする攻撃行動は、有資格の行動治療専門家による治療が必要だと判定されていることである。一方、最悪なのは、**分類してみたところで、攻撃行動の生物学的な原因については、まったく何もわからない**ことである。したがって、治療法も不明である。さらに、なぜ一部の犬が問題行動を示し、ほかの犬はそうでないのかについても、何も説明できない。

生物学的な立場から見れば、攻撃行動を異質な基準で、バラバラに分類しても意味がないと言える。食物関連性攻撃は、人間やほかの犬が食物に近づくと唸る場合だとされる。所有欲性攻撃は、同じくおもちゃに近づいたときに唸る場合。これではまるで、人間の怒りを「駐車場探し性怒り」「ばかみたいなニュース読み性怒り」「夕食中にウエスト・バージニアの夏休み用別荘観光セールスの電話がかかってきた性怒り」「ティーンエイジャーのお粗末な会話を聞いちゃった性怒り」などに分類するのと同じことだ。

もし、誰かの怒りを観察し、この人は正常な人物だが、正常な範囲を超えた挑発を受けて怒っているのか、あるいは真の精神異常に陥っているのか、あるいはこの人は子供のときから感情を抑えるよう教育されなかったのか、あるいは短気な家系の出身なのかを、確定的に判断し分類するのに、怒りの直接の引き金となったものを基準にするのは無意味なのだ。

生物学的に興味深い話題としては、**異なる種類の怒り**には、それぞれ脳の異なる神経回路が対応しているのか、あるいはそれぞれ異なるホルモン、異なる神経伝達物質が関与しているのかという問題がある。

動物行動治療獣医師たちの分類で、優越性、なわばり性、競合性、対犬関係性、警戒性、所有欲性の各攻撃行動を示した犬には、性成熟に達した雄犬の数が圧倒的に多かった。これらの攻撃性に雄性ホルモンが作用していることが示唆される。雄犬を去勢すると、これらの攻撃行動が一様に減弱する。これは、上に述べた問題行動がすべて、同じ種類の攻撃性であることの証拠である。雄犬を去勢すると、さまざまな場面で、ほかの犬や人間に対する攻撃行動、優位性の確認行為、食物や物欲をめぐる闘いなどが減少する。反対に、胎仔の期間または生まれてすぐに、雄性ホルモンを投与した雌犬は、骨の奪い合いをするときに、正常な雌犬よりも優勢になることが知られている。おそらく、同じ群れのメンバーに対するあらゆる攻撃行動は、共通して、**一つの生物学的要因**によって引き起こされると考えてよいだろう。

さらに、この種の社会生活上の攻撃性は、犬の行動の基本的構成要素だと言ってもよい。「なわばり性攻撃」などと称し、病気の一種ででもあるかのように攻撃性を分類するのは、「尾の形の違い」で犬を分類するのと同じである。社会生活上の攻撃行動は、遺伝性で、しかも計測可能なことが証明されている（特にマウスなどの動物実験で）。したがって、仲間に対して一定水準の攻撃性を示す系統を作出することが可能だ。言い換えると、犬たちが示す攻撃性の大部分は、程度の差はあっても、たいていは病的でない。攻撃性は、犬が基本的に保有している要素の一つである。ただし、個別の犬の攻撃性には、大きな遺伝的な差がある。

それらとは別に二つの型の攻撃行動がある。これらは、雌雄差と性ホルモンに無関係で、社会関連性攻撃とは異なる生物学的機構が働いていると思われる。恐怖のあまり咬みつくのは、追いつめられた動物の防御的反応で、犬を去勢しても変化しない。捕食行動も、仲間に対する攻撃行動とは根本的に異なる。これも去勢に影響されることはなく、雌雄差もない。実際には、捕食行動は攻撃性とは全く違い、まさに食物の獲得である。犬や狼が獲物を追いかけて咬みつく場合、仲間や郵便配達人に向かって唸るときに働く神経回路やホルモンは、まったく関係していない。マウスを使った遺伝学的実験によれば、社会性の攻撃と捕食行動は完全に異なる別の遺伝子に支配されている。獲物を捕ろうとはしないが、仲間に対しては好戦的なマウスも、その逆のマウスも、つくり出すことが可能だ。

しつけの失敗

社会生活関連の攻撃性は、生まれつき、それぞれの犬で異なる。そのために、手に負えなくなるほど攻撃的になった場合、犬のせいなのか家庭のせいなのかがわかりにくい。

犬の本来の性質を人間が正しく操作しなかったためかもしれない。繁殖計画が、意図的に、あるいは意図しないで、全体として社会的攻撃性が高まる方向へ選抜してしまったのかもしれない。あるいはまた、一部の犬は、真に病的症状を示しており、攻撃性に関わる神経回路および代謝系の遺伝的欠陥によるのかもしれない。

動物行動治療専門家たちは、善悪の判定を回避し、飼い主である患者が問題犬について責任追及されないようにするのが、思想的にも経済的にも最善策だと思っている。けれども、いくつかの科学的な分析によれば、犬が起こした事件のかなりの割合で、**飼い主の人格に問題**のあることがわかった。事実、問題犬の飼い主は、正常犬の飼い主に比べて神経症的か不安症的な人の割合が高く、犬が事件を起こす前から、その傾向を示した。

動物行動治療の専門家は、もちろんこのことに神経をとがらしている。弁護士の世界には「私の依頼人は、周囲の尊敬を集めているビジネスマンである」という常套句があるが、同じように、動物行動治療専門家ロジャー・マグフォードは「私のクランケは、決して変じゃない」と言う。その証拠として、問題犬の治療のために彼の診療所を訪れた一〇〇人の飼い主を対象とした事後調査によると、84%の飼い主は完全に正常だった、と述べている。この調査は、飼い主が変かどうかを、マグフォード自身が判定したものである。彼の調査で確実なのは、飼い主の41%が別に二頭目の正常な犬を飼っており、85%が問題のない犬を以前に飼っていたということである。

ほかの動物行動治療の専門家も、やはり、受診した飼い主は、だいたいにおいて「妥当なことしかしていない」と主張している。ところが、彼らの臨床報告からは、違う事実が見えてくる。典型的な一つの症例に、次のものがある。

生まれつき威張りたがる犬

ある飼い主は、犬が摂食しているとき、またはお気に入りの場所で休息しているときに、じゃまされると唸ることを、数カ月も数年も許してきた。犬が要求するときはいつでも、かわいがり注目し、おやつを与えた。犬を寝室で寝かせ、ドアを通るときや階段を下りるときには先に行かせた。犬は要求をエスカレートし続けた。最後に、犬が人に咬みつき始めたので、とうとう専門家の助けを求める気になった。そうなるまでに、この飼い主はすでに何百回も何千回も、**飼い主の優位性を確立する**機会を失っており、犬は、群れのアルファが誰なのか、きわめて明確な判断を下してしまっていたのだ。

この同じ家庭に、問題のないほかの犬がいるというマグフォードのデータと、この場合、飼い主こそ問題の根源であるとする立場とは、まったく矛盾しない。社会的優位を求め、攻撃的になる傾向が、犬によって生まれつき異なるのは事実だからだ。もともと性格が稳和で従順な犬なら、少々弱い性格の飼い主でもうまく操作できる。しかし、優位になりたがるタイプで、正常の範囲であっても気性の強い犬に出会うと、飼い主の受け身で意気地のない姿勢が災いして、犬を威張らせることになり、結局、怪物にしてしまうのだ。

犬の生まれつきの威張りたがる傾向はさまざまであり、また人間の性格も同様にさまざまである。だから、問題犬ができ上がる要因として、特定のタイプの犬や特定のタイプの人間を想定することなどできない。それにもかかわらず、犬が威張りちらして攻撃的になってしまうのは、犬に厳しくない、溺愛型の飼い主のせいだと思わせるようなケースは、確かに多い。

「ヤッピー・パピー（ひとりっこ子犬）」症候群は、この現象の一つの典型例。犬は、一日の大半は単独で放っておかれ、そのあとで子供のいない飼い主に溺愛される。誤解が、事態を悪化させる。犬が飛び上がり、前肢を飼い主の顔や肩にかけるのは、飼い主に抱きつき、熱烈に抱擁しているのではない、と気づく人は少ない。そして、犬が自分の優位を確認しようとしているのに、飼い主は愛情の表現と思い込む。そのとたんに、飼い主の優位性は崩れてしまう。このような飼い主は、しばしば、犬が食器を守って唸るのは普通の犬でもやることだと思っている。

多くの人が、本当に攻撃的な犬として思い浮かべるのは、自動車の解体中古部品置き場で泡をふいて唸っている犬や、誰にでも飛びかかろうとする番犬の姿である。だから、愛情豊かで育ちのよい、よくしつけられたペット犬が、時には何の前ぶれもなく、人に咬みつくようになるのを、とうてい理解できない。しかし、優位に立った犬は、できる限り自分の思い通りに振る舞いたいために、群れのメンバーを支配することを望むのである。威張るようになった多くの犬は、飼い主が自分に注意を向けることを激しく要求し、可愛がってくれと寄ってきて鼻をこすりつける。飼い主は、そんなに自分たちを愛している犬が「時」として唸ったり咬みついたりすると、ぼう然としてしまう。現実には、不幸なその「時」とは、人間にとっては異常な時なのだが、**犬にとっては異常でも何でもないのだ**。

飼い主が、獣医に助けを求めたくなるような犬の攻撃行動が起きるのは、犬の気持ちとしては、自分の優位性（すでに確立していることに自信がある）に向かって、劣位の者が「挑戦」してきたと感じたときなのだ。

例えば、犬がなわばりの重要拠点と思っている場所（テーブルの下や、寝室など）で寝そべっているところへ、劣位の者が不作法にも近づいたときである。例えば、飼い主が引き綱をつけようとして、あるいは抱こうとして、あるいはかわいがろうとして、犬の上にかがみ込んだとき、犬はその態度が、自分より優位に立とうとしていると感じたのである。このような犬は、往々にして、見知らぬ人には完璧な友好的態度を示す。犬から見れば、何カ月も何年もかけて、劣等な存在に成り下がった人に示す態度とは違い、犬を平気で無造作に扱うことに慣れている獣医師や訓練士には、特に友好的になるのだ。

飼い主の性格と犬の攻撃性の関係

実証的研究が二つある。

アンソニー・ポドベルチェクとジェイムズ・サーペルは、一千頭のコッカー・スパニエルを調査し、**なぜこの犬種に強い攻撃性を示す犬が多いのか**を調べようとした。飼い主に、何がきっかけで犬が攻撃的になったか、犬の年齢、性別、去勢したかどうかを質問した。さらに、もっとも攻撃的な25％の犬と、反対に攻撃性の低い25％の犬について、家の種類、飼い主の男女別、子供の数を調査した。さらにまた、むしろ控えめに、飼い主の性格について一六項目の二者択一アンケート調査をした（冷静、内向的か熱血、外向的か、現実的思考か抽象的思考か、自罰的か他罰的か、など）。攻撃性の高いコッカー・スパニエルと、攻撃性の低いコッカー・スパニエルとの間に年齢、性別に差はなく、またその飼い主の年齢、性別、家族環境にも有意な差はなかった。ところが、飼い主の性格では、一六項目の性格のうち四項目で、はっきりと差が出た。高い攻撃性を示す犬の飼い主は、緊張性（緊張する、挫折させられる、ひどく興奮する、意欲満々など）、不安定な感情（感情的にゆれる、感受性が強過ぎる、困惑しやすい）、内気（恥ずかしがり、恐ろしがり、臆病、躊躇する、おびえる）、主張がない（原則を持たない、自己撞着、寛容、社会規範に無頓着）、などの性格が顕著であった。

二番目の調査は、ヴァレリー・オファレルによるもので、**犬の問題行動を五〇人の飼い主に質問した**。犬が唸ったり、咬んだりするか？　人の注意を引こうと、うるさくするか？　飼い主が、犬をどう感じているか？（犬に何かが起こったら、どれくらい狼狽するか？　犬が愛情深く、従順であることを望むか？　犬におやつを与えるか？）、そのほか、飼い主の性格について、アイゼンクの性格検査表に記入してもらった。これは神経症を見つけるのに有効な検査である。

オファレルは、問題犬は二つのグループに分けられることを見出した。一つは、犬に感情的に固着した飼い主の犬、ほかの一つは、神経症の人の犬である。オファレルは、犬を愛している人と、感情的に犬にのめり込んでいる人とを区別した。例えば、犬と一緒にいたいと感じており、愛しているので、犬に何かあったら狼狽してしまうという人々がいる。その愛情は共通しているが、それとは一線を画して理知的であることが可能な飼い主もいる。このような理知的な飼い主の犬は、利口で独立心があり、そして従順であることにプライドを持っていて、問題行動をほとんど示さない。

一方、犬を愛していて、しかも犬にのめり込んでしまった飼い主は、犬に愛され、犬が全面的に飼い主に依存することを求める。そして、このような人々が、犬の優越性誇示攻撃行動と深く関わっていた。オファレルは、次のように述べる。「**犬に感情的に固着している飼い主**は、犬を従わせるのでなく、対等な友人のように扱う。犬の要求を受け入れ、犬の主導に従って振る舞う。犬が外に行きたくて吠えれば戸を開けてやる、犬がボールを持ってくれば遊んでやる、など。犬は、優位性を求める遺伝的および内分泌的素因を保有している動物だから、このような飼い主の態度は、犬の優位性を承認する行動と見なすに違いない」

飼い主が神経症の場合は、犬が問題行動を示す割合が高い。咬みつき行動、破壊行為、性的異常行動などである。オファレルのこの調査結果を、ポドベルチェクとサーペルは、自分たちの発見と同質だと考えた。つまり、いつも不安で内気な（神経症でも、そうでなくても）飼い主は、自己主張ができない。犬は、この事情を有効に利用する。

オファレルは、二番目のグループに属する問題犬と神経症の飼い主との関係を、もう少し詳しく解説している。飼い主が神経症のとき、犬の悪行は優越性の表現ではなく「感情転移現象」だと言う。全体としての不安と興奮を反映したものである。犬が、飼い主の不安や恐怖を直接学びとったのではない。時々言われるような、いわゆる伝染ではない。そうではなくて、不安症もしくは神経症の飼い主は、犬が本能的な行動をすると狼狽しやすい。特に、犬が性行動、排泄、体を汚すなどの強烈な行為をすると、これに強く反応するので、犬を「興奮」させ「心理的混乱」に導くのである。基準の定まらない罰を与えるので、犬はいっそう混乱する。こうなった犬は、その興奮のはけ口を求め、何にでも衝動的にぶつかっていく。自分の尾を追い回す、何かを咬み、引っかき、掘り返す、想像したものに吠えかかる、目の前にあるものをかじる、などの異常行動である。

破壊行為

行動治療専門家が**優越性誇示攻撃**の次に数多く出会う犬の問題行動は、**破壊行為**だ。キャサリン・ハウプトによれば、正確な統計ではないが過去二〇年間で確実に増加しているという。これも、治りにくい問題行動だ。決して、破壊行為をするすべての犬が、神経症の人に飼われているわけではないが、**犬のほとんどすべての破壊行為が、飼い主の性格か、飼い主の生きざまに由来する**、というのは確かだ。

破壊行為をする犬の一部は、**単純に退屈だからやる**のである。犬は、一日に一定程度の社会的交流、ランニング、咬みしだき、掘り返し、そのほか犬らしい行為をする必要がある。これらの基本的な衝動を自然な形で満たすことが不可能なら、不自然な形で発散するほかはない。共働きの夫婦や、学生に飼われている犬は、長時間独りぼっちにされて、十分に犬らしいことをする時間がない。獣医学部の学生が飼っているビーグル犬が、一日に一〇時間以上独りぼっちにされた症例について、ハウプトが興味ある報告をしている。この犬は、服従訓練のチャンピオンで、飼い主の前では優等生である。ところが独りになると、床の上にあるものを何でもかじる。たいていは、飼い主のルームメイトの本と靴なので、結局、ルームメイトが出ていくことになるのは当然である。

破壊行為をする一部の犬は、**活動過剰症**である。つまり、真性の異常状態。この種の動物では、エンドルフィンという脳内物質が正常濃度に達していないという実験結果がある。エンドルフィンは、脳の中で自然に生産され麻薬と同じ作用をする物質である。このような動物は、特にストレスのある条件では、物をかじったり走り回ったりする自己刺激行為を行い、それによってエンドルフィンの分泌をうながす。自己刺激行為が直ちに報酬となる悪循環が始まるのである。動物はエンドルフィンのジャンキー（中毒）になり、それを手に入れてほっとするためなら、何でもするようになる。真性の病的状態になると、犬は、自分の脇腹を繰り返し咬むなどの自傷を行って、目的を達することもある。これは、普通の毛づくろいパターンが異常行動化したもので、犬の破壊行為の一つの典型的な形態である。

一方、ほとんどの犬は、そもそも驚くほどよく寝そべる。自然の掟として、馬のような草食動物は一日の半分は草を食べており、歩いたり、走ったりする時間は一〇％にすぎない。反対に、狼や野良犬は、一日の半分は睡眠と休息に使う。そり犬を戸外で飼育して観察したところ、一日の八〇％は休息していることがわかった。だから、犬が一日に必要とする刺激は、それほど大きくはないはず。

神経症や不安症の飼い主が、犬を不安にさせる傾向があるというオファレルの発見は、飼い主がいなくなり、不安になったときに、犬が破壊行為をするという解釈を成り立たせるように見える。しかし、その一方で、必ずしも神経症ではない飼い主が、犬に強い不安感を持たせてしまった例もある。破壊行為をする犬の行動を、飼い主の留守中にこっそり撮影して観察してみると、往々にして、犬は退屈してもいないし、独りぼっちでも、不安そうでもない。そして、飼い主の毎日の帰宅時間直前までは、まったく破壊行為をしないことがわかった。これらの飼い主は決まって、熱烈できわめて刺激的なやり方で、帰宅のあいさつを犬と交わす。おおいかぶさって撫で回し、抱擁し、遊ばせるのに犬と競争で外に飛び出す。犬は、これを期待するようになり、毎日、この最高の瞬間が近づくにつれて、どんどん心が高ぶってくるのだ。激しく感情を表す飼い主に対して、犬はその人だけに固着して最後には、独りぼっちにされるのに耐えられなくなる。こうなった犬は「**別離不安症**」と呼ぶのがふさわしい。その自覚的独房拘禁から脱獄しようと、無謀な試みをし、信じられない自傷行為に走ることがある。網戸を破るのはまだしも、ガラス窓を破って飛び出すことさえやってのける。

犬が破壊行為に走る理由はさまざまなので、治療するのは難しい。運動量を増やすだけでよい場合が多い。犬のおもちゃなど、かじってもよいものをかじるよう条件づけるのも有効なことがある。ほかの犬や猫（ハウプトはカメでもいいと言っている）を家族に入れると、問題が解決する場合がある。飼い主が帰宅しても、毎回数分間犬を無視して、犬が興奮し過ぎないように脱感作するとよいこともある。しかし、普通は、一度破壊行為が始まると、治療の成功率は高くない。

犬が雷雨、銃声、消防車のサイレンなどに、極端におびえるのは、もっと複雑な話である。オファレルの研究によれば、飼い主の異常な恐怖感が犬に転移するという証拠はない。神経症の人が、健常者に比べて、恐怖感が異常に強いということはない。ほかの動物と同じく、犬も、本能的に大きな騒音を恐れる。家に落雷したというような、音に伴って実際に恐ろしいことが起きると、しばしば、病的な恐怖症にエスカレートする。しかし、ほとんどの場合、このような過去の事件の後遺症が原因ではない。

多くの場合、**恐ろしがると報酬が得られるということが事態を悪化させる**原因である。雷が鳴ると、クンクン啼きをすることから始まる。このとき飼い主が優しい声で慰めて、安心させてやり、撫でてやる。そうすると、犬は味をしめて、恐ろしさの表現をエスカレートさせ、震えるなどのいっそう大げさな反応をするようになる。最初は、雷におびえていた犬は、そのうち雨が降っても、さらには雲が出ても震え出すようになる。気圧が下がっただけで始めることさえある。もっとも有効な対策は、**騒音に対する恐怖感を示しても、ただ無視すること**である。

症状が出てしまった後で、治療するには、雷の音をテープに録音しておき、最初は小さい音で再生して聞かせ、怯えなければほうびを与え、次第に音を大きくしていくのである（この方法で成功した人によると、最初にテープの再生音を聞かせるとき、十分ボリュームを上げて、犬が、雷鳴に対するいつもの反応を示すことを確かめてから始めるのが大切だという）。銃声におびえる猟犬も、同じようにして治療できる。犬のそばで、スターター用のピストルを何重にも重ねた段ボール箱の中で発射する。二、三日おきに一つずつ箱を取り除き、次第に大きな音がするようにして、犬を慣らす。一日に何回も訓練をしなければならない上に、一度おびえ反応を示すようになると、そう簡単には治らない。猟犬は子犬のうちに銃声に慣らしておくと、一生うまくいくようになる。雷雨のないシーズンに育つ子犬には、雷鳴の録音テープを聞かせておくことを勧める訓練士もいる。

犬のためにも、犬に勝つ

飼い主に対する犬の**優越性誇示攻撃行動がひとたび定着してしまうと**、そこから抜け出すのは容易ではない。狼の社会力学の研究によれば、群れの全メンバーの社会的地位が確定すると、その序列を変更するには、深刻な闘争がどうしても必要である。

だから、犬の行動治療には一つのタイミングがあり、それまでに過剰な優越性誇示攻撃行動が確定していると、飼い主に自信を持たせようとする訓練士によるありきたりの指導では、もう手遅れかもしれないのだ。原則としては、人間に対する攻撃行動が最初に起きたとき、つまり、犬が唸ったり咬みついたりしたら、すかさず断固として犬語で言い返すことである。犬の首を持ち上げ、しっかりとにらみつけるか、または鼻をひっぱたくのである。子犬の場合は、一日に二、三回持ち上げるか、もし重すぎるようなら、犬にまたがって犬が目をそらせるまでじっと見つめれば、飼い主の優位性が確立して、もう揺らぐことはない。エサをやる、ドアを開けてやる、かわいがるなど、犬に何かしてやるときは、その前に必ず「すわれ」「ふせ」などの命令を下して、それに従わせる。飼い主を粗略に扱わせないこと。こうすれば、決して問題行動が生ずることはない。

しかし、ひとたび犬が自分がお山の大将だと確信すると、誰かがその権利を剥奪しようとしたとき、犬は真剣に反撃する。もともと自信たっぷりでない人々に、性格を変えろと言っても無理な話。犬にきちんと命令を下せる飼い主なら、そもそも問題は起きないのである。

一方、**スキンシップ重視の治療法**を信奉するかなりの数の流派は品がよくて、体罰は絶対に不適当だと宣告する。あるいは「攻撃が攻撃性を呼ぶ」と主張する。これは、犬のような社会的動物の場合、完全な誤り。なぜなら、咬む、咬み返すという「攻撃」反応を、コミュニケーションの手段に使うことを、子犬の段階から身につけているからである。犬は、最初に威嚇的な手段で自己主張したとたんに一発の強打で反撃されれば、その後は絶対そんなことはしない。これは、証明された事実だ。犬は、自分より優位にあると感じた相手からの攻撃に対して、いっそう攻撃的な反応を返すことも、またおびえることも、絶対にない。そんな場合、犬はひたすら服従的な態度を示すのである。

その半面、犬に腕力で対抗しようとする飼い主は、必ず勝てるようでなければならない。腕力で犬をこらしめようとして、逆に敗退したりすると、事態はかえって悪化する。ベンジャミン・ハートは、苦心して臨床用語を使って、次のように述べている（彼が、これらの飼い主を本当はどう見ているかがわかって、面白い）。

「多くの飼い主は、犬の攻撃性に対処するために必要な一定の物理的な力を行使することができないか、あるいはそれを望まない。あるいは彼らは、自分たちの子供を扱うのとまったく同じやり方で犬を扱うべきだと感じている。そのような状況なら、間接的手段がよいと思われる」

「間接的な手段」は、直接的な体罰より心理的には厳しい方法だ。一般的なやり方としては、飼い主が愛情表現、世話、給餌を一切しないのである。ハートは次のように指示している。「過去に、犬が攻撃行動を起こした状況を、全部なくしてしまう。そして犬に何かを与える前に、必ず命令を下す。何か世話をする前には、名前を呼び、「すわれ」か「ふせ」をさせる。ちゃんとすればかわいがり、ほめる。一日中いつでも、犬が命令に従えば、常食のドッグフードを少量与える。犬が、**常に自分が服従的な地位にあることを思い出す**ように、一日中これを繰りかえす。もし犬が近寄ってきて、注目してもらいたくて鼻でつついても、ボールを持ってきても無視する」

このアイディアは、飼い主が一夜にして、クリント・イーストウッドの迫力を示すようになれなくても、ウディ・アレンのような知恵を働かせることなら可能だろう、という発想。

往々にして、犬の攻撃性は、一人の家族だけに向けられる。このような場合には、犬との間で序列を逆転させる必要のあるその人物を除き、家族全員が犬を完全に無視する。犬は、今まで見下していた人に、食事から何から全部面倒を見てもらわねばならない事態に直面する。犬が服従姿勢をとらざるを得なくなれば、序列の更新は急速に実現する。すなわち、犬がやむを得ずやったとしても「すわれ」や特に「ふせ」は犬語の会話方式で服従を意味した表現なのである。だから、それをやったとたんに、頭を下げたことになる。飼い主は次に、少しプレッシャーを強める。食事中に食器を取り上げ、犬が「すわれ」「ふせ」の命令に従わない限り返してやらないとか、お気に入りの場所から犬をどかせるなど、いじめっ子のように振る舞うのだ。

大多数の犬は、この治療で治る。コーネル大学獣医学部の追跡調査によれば、優越性誇示攻撃行動の治療に訪れた犬の、少なくとも三分の二、おそらく85%は、この方法で改善が見られたという。このように、比較的簡単な行動修正訓練が高い成功率を示した事実は、**多くの社会性の過剰攻撃を何らかの疾病と見なす見解が誤りである証拠だ。**

犬には生まれつき、さまざまな強さの優位指向意欲があり、かなり厳しい対応を迫られるような場合もある。しかし、飼い主が出発点で誤りを犯さなければ、たいていは問題の発生を防げることが判明した。このことを重ねて強調したい。

スプリンガー凶暴性という現象

そうは言っても、容易に解決できない多くの事例が現実に存在するのだから、気の優しい飼い主が悪いと指摘するだけですむ問題ではない。もし、時速三〇〇キロものスピードを出せる車をメーカーが大量に販売したら、自動車事故が多発するに違いない。そんな強力な車を走らせようというドライバーなら、うまく乗りこなすハンドルさばきを身につけているべきだという反論のしようのない理屈は、この際、大して意味を持たない。昔より現在の方が、犬の優越指向性が強まっているという確かなデータはない。それに、優位性誇示行動が遺伝的な素因と環境とが複雑に関係しあって出現するとすれば、その過去と現在を比較するのは、たいへん難しい課題である。しかし、コッカー・スパニエルやスプリンガー・スパニエルなどの犬種の攻撃性に関する問題を検討してみると、もしかすると、これらの犬種では攻撃性が増加する方向への遺伝的な変化が起きているかもしれないと感じられる。

実証できないということを再び念頭において、AKC(アメリカ・ケネル・クラブ)反対主義者の理屈の一部に、見方によっては、味方するかもしれない事実が伝えられている。

AKCの犬種標準は、体型と被毛を細部にわたって定めている。また、一般的な用語と、時にはかなり怪しげで擬人的な言葉を使って、基準とすべき行動を記載している。どれだけの犬種標準に「堂々としている」あるいは「高慢」という言葉が入っているか、数えてみるのも一興である。

一方、ドッグショーには「飼い主との相性賞」はない。ドッグショーの審査は、実際には、ほぼ完全にルックスに基準をおいている。しかも、姿勢と動作が優位性誇示の威張り屋の犬そのもの、つまり、首と尾を立てて直立するのが優秀と判定され、主観的で玉虫色の採点方法により、高得点が与えられる（ある犬種の標準には「誇らしげ」であるべきだと、何の疑問もなく書かれている）。

そのうえ、犬繁殖業者の多くは、チャンピオン犬と同じ屋根の下で暮らしているわけではなく、犬舎から離れていることもある。犬が有害な行動をしたとしても、それをいつも記録しているわけではない。犬を繁殖用に選抜するのに、**体型の細部に重点を置き、行動をほとんど考慮に入れなければ、ある繁殖系統に好ましくない行動がたまたま出現しても排除されずに残ってしまう**。一つの犬種を構成するのは、比較的小さい繁殖集団である。その中で限られた数の個体が、集団のほかのメンバーと交配する。このような閉鎖的な繁殖集団では、極端に高い攻撃性を持つ犬種が出現することがあるかもしれない。ドッグショーの勝者、チャンピオンは、次の世代を生産する繁殖用の雄や雌として引っぱりだこになるので、**ほんのわずかな悪質遺伝子でも、犬種集団の中に野火のように広がる**ことになる。チャンピオンは、犬種全体に、とんでもなく偏った大きな影響を与える。特に少数の犬を起源に持っていて、あまり普及していない犬種では、その傾向が強い。これに加えて、繁殖業者は、積極的に**優位性誇示型の犬を選抜する**のが現実である。なぜなら、「堂々とした」身のこなしをする犬が、ドッグショーでリボンを獲得するからだ。こうして、害悪の要因が大手を振って世の中に出ていく。

ただし、この場合は、病気とか何らかの異常による害悪ではない。威張りたがる度合いは、犬によって違う。その威張りたがりの正常範囲の中でトップのレベルにある一部の犬を選抜しているのだ。しかし、その威張り屋のトップが、一部の飼い主にとっては手に負えないのである。

ある犬種で最近現れた二、三の攻撃的な系統の犬は、普通の優越性誇示攻撃とは異質な凶暴性を示す。通常の社会的序列関連性攻撃は、制御装置のつまみを回し損ねるのが原因であるが、激しい凶暴性はそれとは異なり、**遺伝的疾患**かもしれない。「スプリンガー凶暴性」と呼ばれる現象である。セント・バーナード、バーニーズ・マウンテン・ドッグ、ジャーマン・シェパード、グレート・ピレネー、イングリッシュ・コッカー・スパニエル（主として被毛が、レッドまたはゴールデンの個体）、およびそのほかいくつかの犬種で報告されている。普段は友好的でおとなしい犬が、何の前ぶれもなく、また挑発されたのでもなく、突然凶暴になった事件が多数発生した。犬の眼はガラスのようになり、追いかけている相手が人間だとは思っていないように見える、といわれる。

これらの報告の「警告もなく」とか「挑発してないのに」とかいうのが、人間の振る舞いの場合と混同していないか、犬についても正確に観察していたかどうか検討する必要があるだろう。報告された凶暴な突発性攻撃行動の中のあるものは、軽率な振る舞いや何気ない一瞥を、犬が自分の権威をないがしろにした行為と見とがめて、攻撃した可能性もある。調査したポドベルチェクとサーペルは、イングリッシュ・コッカー・スパニエルの場合はそう考えられると、指摘している。

それ以外の事件は、明らかに犬の精神疾患によるものだ。二、三の報告によると、凶暴な攻撃をした犬には、てんかんあるいはそのほかのけいれん性疾患を疑わせる異常な脳波が認められたという。一部の犬には、抗けいれん薬または向精神薬の投与が有効であった。しかし、まだ症例が少なく、確実な結論は下せない。また、この症状を示した多くの犬の脳には、解剖学的な異常は認められなかった。この凶暴な攻撃行動の精神病理は不明であるが、この異常が遺伝的だと思わせるのに十分な証拠がある。この突発性攻撃行動が特定の系統だけで報告されているという事実は、ある繁殖集団で偶然に**悪質な遺伝子が出現**し、それがまたたく間に広がったことを示している。

オランダのバーニーズ・マウンテン・ドッグで**突発性攻撃行動**が出現したが、血統書を調べた結果、そのすべてが、輸入した二頭の雄犬の子孫であることが判明。厳重な検査と徹底した繁殖管理の結果、この犬種から突発性攻撃行動を排除することに成功した。この疾患に対処するには、問題犬を排除する以外に方法はない。大型犬の場合は特に危険だから、安楽死させるのが普通だ。これは、チャンピオン犬の子だと自慢することの代価としては高すぎる。

そのほかに、明らかに犬の脳神経回路のどこかが混線していると思われる別の攻撃行動の症例がある。それは、**人間に向けての捕食行動**である。この犬は、人間を獲物と見なし、しのび寄り、じっとにらみ、まったく警告音声を発せず、いきなり飛びかかるという恐ろしい異常行動を示す。テリア、コーギー、キャトル・ドッグ、ボーダー・コリーなどが、祖先の捕食行動の一部を編成し直したような振る舞いをする場合は、ただ咬んだり、くわえたりするだけで、痛くはあっても危険ではない。その場合、小さな子供や動く踵を見つけても、飛びかかって、咬み切るような行動はしない。一方、捕食行動の完全なパターンを保持していて、しかもその意欲を併せ持っている犬は、人間の子供にとって危険な存在である。このような行動を示す犬では、狼あるいは狼と犬の雑種と同じく、子供のよちよち歩きや、かん高い声が引き金になり、傷を負った獲物に対する捕食行動が自動的に解発されるのである。このような犬でも、年長の子供や大人だと、傷ついた獲物とは違う動き方だと感じるらしく、襲うことはない。

さらに危険なのは、**捕食行動をするよう意図的に作出した犬**である。

闘犬用に繁殖したアメリカン・スタッフォードシャー・テリアのような犬種は、普通の優位誇示性攻撃行動のように、威嚇したり警告したりしない。だまって相手に襲いかかることを目標に選抜される。この選抜により、おそらく祖先の捕食行動の完璧なパターンがよみがえるのであろう。そこで、野生生活における本来の文脈から切り離された捕食行動が、犬の日常行動、日常心理の中に組み込まれてしまう。こんなことも、犬が自在な性格だから可能なのだろう。

ほかの犬に向けて捕食行動をする犬は、同じようにして人間も襲う。この犬にとって、人間と犬は同等。そう考えると、アメリカン・スタッフォードシャー・テリアやそのほかの古くからの闘犬用の犬種が、おぞましいやり方で人間を襲うことの説明がつくし、それ以外の理由は考えられない。社会的な優越性を示すために攻撃する犬は、相手をうまく脅すだけだが、闘犬の目的は相手を殺すことだ。もし、アメリカン・スタッフォードシャー・テリアのような捕食行動型の攻撃をする犬に襲われた場合、もっとも有効な防御手段は、自分の腕を犬の喉につっこみ、犬が窒息して死ぬことを祈ることだと言われる。手を食いちぎられたとしても、喉を咬み切られるよりましだ。

9章　未来の犬たちへ

「犬の繁殖業者（ブリーダー）たちは、役に立つ犬をつくるのに反対しているわけではない。ただ、それを彼らの仕事だと考えてはいないのだ。犬種の純粋性を維持し、犬のルックスを犬種の理想に近づけることが、自分たちの任務だと思い込んでいる。
犬の特質から見て、これは非常に困難な仕事で、多大な努力をささげなければならない。そのうえ、真の繁殖家たるもの、科学者の場合と同様、何か役に立つことをすれば、仲間から軽蔑される恐れがあるのだ」

――レイモンド・コピンジャー著『フィッシング・ドッグズ』より

犬の繁殖家（ブリーダー）たちへ

犬の繁殖家たちの、何十年にもわたる、**純粋性とルックスに対する執着ぶり**は、今や鋭い非難を受けている。先に記したコピンジャーの言葉は、皮肉っぽくからかった、数少ない例である。バセット・ハウンドの短足や、シャーペイのしわしわの皮膚など「変形」犬を作出することは、人間の虚栄心を満足させるのが目的だとして、動物権利擁護主義者たちはこれを追及する方針を固めた。ボーダー・コリーのような古くからの労働犬の資質を賛美する人々は、純粋犬繁殖業者がこれらの犬種を乗っ取り、外形を重視したケネルクラブの犬種標準を押しつけることに反対する。実際に、ボーダー・コリーの愛好家は、アメリカ・ケネル・クラブ（AKC）を告訴して、ボーダー・コリーをAKC公認犬種から除外するよう無駄な抵抗を試みた。ボーダー・コリーが、結局は、毛のふさふさした、愛らしい、黒白の、しかし羊を追えない犬に成り下がってしまうことを恐れたのである。

生物学的多様さはよいことだという意見を、多くの人たちが何となく受け入れるようになったので、あまり政治的でない人々の中でさえ、近親交配を許さないという声が次第に大きくなってきた。近親交配反対派やコピンジャーのような皮肉屋は、重要な問題提起をしている。しかし、真面目な繁殖業者にも、それなりの理屈がある。ほとんどの純粋犬種は、確かに、強度に近親交配されている。ある研究によれば、人間の家族の間で、特定の形質を支配する遺伝子が異なっている確率は71％。雑種の犬同士では57％、純粋血種の犬同士では22％、極度に近親交配した犬種では4％である。また、犬の繁殖業者の中には、奇抜な体型、あるいは恣意的な理想体型を強調することに取りつかれていて（としか表現のしようがない）、それ以外の体型を排斥する者がいるのは事実だ。

シープドッグのハンドラーで、文筆家でもあるドナルド・マッケイグによれば、ウェストミンスター・ケネルクラブのドッグショーで、ある繁殖業者が、「繁殖とは遺伝を使った絵画だ」と語ったという。純粋犬の作出に伴って、多くの遺伝的疾患が広まったことは疑いない。遺伝的疾患は、重大な問題である。しかし、近親交配に対する非難の多くが、必ずしも現代遺伝学の知識に裏打ちされているのではないこともまた、事実。純粋犬の近親交配による悪影響を是正するには、繁殖業者と、彼らを声高に批判する人々の間で繰り広げられている議論より、もっと厳密な考察が必要である。

クローン技術とドッグショー

近親交配は、旧式な手段によるクローンづくりである

すべての計画的繁殖は、望ましい形質を持つ個体を繁殖に参加させ、そうでない個体を排除するという原則に基づいて行われる。進化における自然選抜の場合も人工的な選抜の場合も、選び出す対象となる素材は、自然集団の中のばらつき、つまり変異である。両親が同じでも、親から受けつぐ遺伝子の組み合わせは、子供同士で異なる。これが変異を生みだす第一の仕組み。まさにその仕組みが、**特定の個体の望ましい形質を安定的に確実に継続させる**という、繁殖家の究極の目的とは逆の方向に作用する。

現在準備中の強引な手段は、**遺伝子がまったく同一である二つの個体**をつくることだ。

遺伝子は、DNAの長い鎖となって染色体中に存在する。犬の細胞核には、三九対合計七八本の染色体がある。子犬は、父親のそれぞれの染色体対から一本ずつ三九本を受け取り、母親からも三九本を受け取る。このとき、それぞれの対のどちらを受け取るかは**偶然に支配される**。だから、子供の細胞核の染色体は、新たな組み合わせの三九対となる。

染色体の同じ場所にあり、役割は同じだが働きが違うE遺伝子とe遺伝子があるとしよう。遺伝子Eは犬の被毛の色を黒色にするが、e遺伝子は被毛の色を赤にする働きがある。E遺伝子が優性で、e遺伝子が劣性だとする。この場合、Eeのカップルであれば、**劣性遺伝子のeが抑制されて**、被毛は黒になる。もちろんEEカップルも黒毛になる。eeカップルの場合だけ、劣性のe遺伝子は抑制されないので赤毛となる。一方の親の遺伝子型がEEなら、子犬は必ず黒になる。なぜなら子犬の遺伝子型はEEかEeだからである。遺伝子型がEeの黒の子犬が成長して、遺伝子型がEeまたはeの雌犬と交配すると、遺伝子型eeを持った子犬もできる。**この子犬は黒でなく、赤毛となる**。この仕組みがあるので、繁殖家が黒い犬だけを繁殖しても、必ずしも黒い子犬は得られないのである。

たいていの場合、繁殖業者は、特定の形質を支配している遺伝子の手がかりさえつかんでいない。一つの形質には、多数の遺伝子が関わっているかもしれない。それにもかかわらず、繁殖業者は、特に望ましい形質をしゃにむに犬種集団の中に保存したがる。**遺伝子がどうなっていようと**、望ましい形質を持った犬を、父母、子、兄弟姉妹などの近親犬と交配すれば、その形質に関係する遺伝子が次世代に伝わる確率は高くなる。ほとんど黒ばかりの集団から黒でない犬、かりに、赤色の犬をつくりたいとする。まれに出現する赤色の犬、つまり遺伝子カップルｅｅの犬の近親犬なら、色は黒くても遺伝子型はＥｅである確率が高い。

近親交配は、まれにしか出現しない優良形質を、集団の中に**急速に広める手段**だ（交配する動物の近親度合を低めた場合を系統繁殖と呼ぶこともあるが、遺伝学的には、両者に基本的な違いはない）。近親交配は別の重要な結果をもたらす。近親交配で生まれた子犬は、対になる染色体に同一の遺伝子が存在する確率が高くなる。つまり、**近親の犬同士を交配すると**、子犬がＥＥまたはｅｅの遺伝子型になる割合が高い。この種の遺伝子型は、**ホモ接合体**と呼ばれる。それに対して、Ｅｅのような遺伝子型を**ヘテロ接合体**と呼ぶ。ある遺伝子のホモ接合体を持った犬同士を交配すれば、その遺伝子については、子犬の遺伝子は親と同一である。その場合は、優性遺伝子のかげに隠れた劣性遺伝子が子犬に伝えられて、望まない形質が現れることは絶対にない。

近親交配は近代農学の基本的な手法であり、近親交配で作出されたトウモロコシや稲が、穀物生産に革命をもたらした。近親交配から生まれた乳牛が、乳生産を飛躍的に増やした。

しかし、近親交配は、優良形質だけでなく**悪い形質の遺伝子のホモ接合体も増やしてしまう**。悪質遺伝子が優性であれば、悪い形質が必ず現れるので、集団の中から除去され、遺伝子も消失する。しかし、致死的な影響を持つような悪質遺伝子でも、劣性遺伝子であれば、集団の中でけっこう存続してしまう。無害な優性遺伝子と対になり、そのかげに隠れて姿を現さないからだ。悪質な劣性遺伝子が悪い作用をするのは、遺伝子型がホモ接合体になったときである。

純粋犬種に出現している遺伝的疾患

近親交配は、ホモ接合体の割合を増加させるので、隠れていた劣性の悪質遺伝子もホモ接合体になり、悪い形質が表面化する。こうして、近親交配する前には目立たなかった劣性遺伝子による疾患が、近親交配の後に出現することになる。年齢が進んでから発病するような病気、例えば、がん、進行性神経障害などであれば、交配する時には気づかれないので、問題は深刻だ。

最近、出現した遺伝的疾患は、以前は潜在的だった問題が表面化した結果である。それらは、数多く多様で、またしばしば奇怪である。

スコティッシュ・テリアは「スコッティー・クランプ」という病気にかかることがある。これは、背中と肢の筋肉が硬直する神経疾患で、犬が興奮し過ぎたり、激しい運動をしたりするとよく起きる。発症した犬の血統を調べたところ、単一の劣性遺伝子に支配されていることがわかった。てんかんは、多くの犬種に発生し、特にプードルで目立つ。フラット・コーテッド・レトリーバーで、腫瘍が多発したことがある。ダルメシアンとオーストラリアン・キャトル・ドッグには、難聴が多い。コリー、ノーウェジアン・エルクハウンド、コッカー・スパニエル、アイリッシュ・セッター、そのほかいくつかの犬種には、盲目になってしまう網膜変性が出現する。ボクサーがうっ血性心疾患になりやすいことは、よく知られている。マンチェスター・テリアとプードルには、フォン・ヴィレブランド病がある。これは、血液凝固因子の欠損によって引き起こされる血友病である。こんなデータを見ていると、まるで、二〇〇〜三〇〇年間もいとこ同士の結婚をしてきた、ヨーロッパの王室の記録を見ているような気分になる。

近親交配と遺伝子の森

近親交配によって、**活力低下**が劇的ではなくひそかに進行する。ホモ接合体が蓄積して、悪影響を与えるのだ。これは、けいれんや血友病のように目立つものではない。小さな欠陥が重なって、発育、活力、繁殖力などに悪い影響を及ぼす。雑種なら、悪い性質の劣性遺伝子は隠されるので、そんなことは起きない。あるビーグルの実験用集団で近親交配を続けたところ、死産の例数が増加したという報告がある。両親が血縁でなくても、四分の一の子犬が死亡した。遺伝子の50%がホモ接合体になるまで近親交配を続けたところ、子犬の死亡率は三分の一に達した。ホモ接合体の割合が67%になると半数の子犬が死亡し、78・5%では三分の二の子犬が死亡した。

すべての動物は、悪影響を与える多少の劣性遺伝子を持っており、その一部がホモ接合体になると、影響が現れてくる。しかし、互いに血縁関係のない二頭の動物が、同じ悪質な遺伝子を持っている確率は大きくない。したがって、その二頭が交配して生まれる子の劣性悪質遺伝子は、ヘテロ接合体になる確率が高く、そのおかげで悪影響を示すことがない。これが**雑種強勢の論理**である。それぞれ近親交配された別々の系統からの雌雄を交配して得られる子では、**Ee**のようなヘテロ接合体の割合がきわめて高い。成長速度など多くの計量的な形質は、多数の遺伝子（同義遺伝子）の影響が加算的に働いて決まる。

次のような単純化したモデルを考えてみよう。例えば、体の大きさを決める三個の遺伝子座があり（実際には三個どころではなく、もっと多い）、優性遺伝子A、B、Cは体型を大きくする作用があり、劣性遺伝子a、b、cにはその作用がないとする。雄犬の中型犬の遺伝子型がAAbbCCで、雌犬の小型犬の遺伝子型が、aaBBccだったとする。この二頭を交配すると、三つの「大型犬遺伝子」をそろえた遺伝子型AaBbCcの子犬ができる可能性があり、この子犬は親より大きいはずだ。反対に大型犬の両親から小型犬が生まれることもある（図8）。

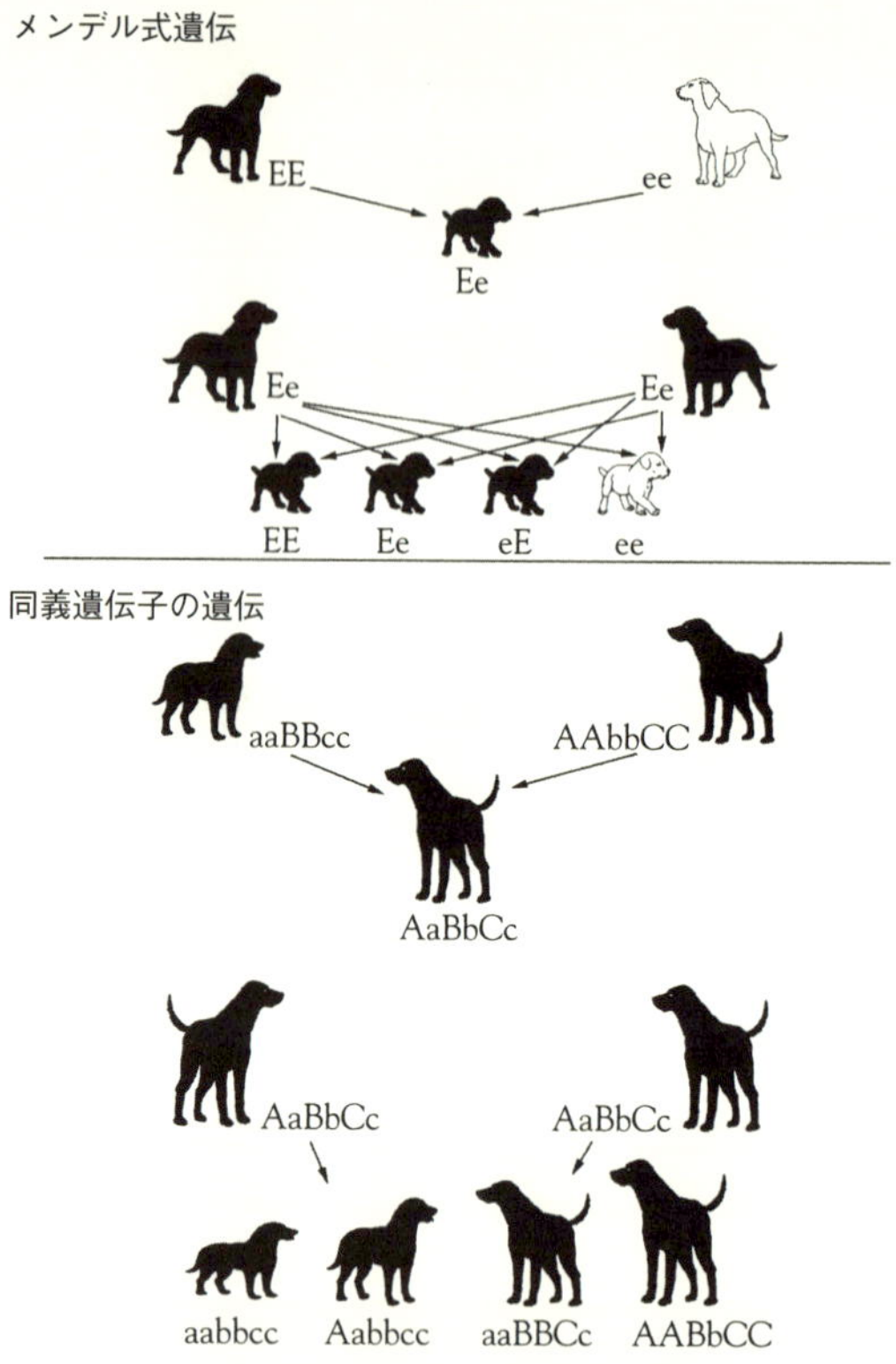

図8　上が単一遺伝子による単純なメンデル式遺伝。多くの毛色の遺伝では、優性（大文字）の遺伝子が劣性（小文字）の遺伝子の働きを抑え込む。
体重のような量的な形質の遺伝には、多数の同義遺伝子が加算的に作用する場合が多い（下）。遺伝の仕方はメンデル式遺伝よりはるかに複雑。例えば、異系交配で生まれた同じ体重のF2同士を交配すると、大きなばらつき方で、さまざまな体重の子が生まれる。

こうして、いかなる育種計画にも、基本的に**均質性と変異性**との間のせめぎ合いがある。均質性は、子孫の形質を予測しやすいという点で、望ましいに違いない。一方、変異性は、活力の遺伝的な根源であり、悪質な劣性遺伝子の作用を抑え込む。畜産の分野では、特定の望ましい形質について、純粋繁殖した系統をいくつかつくっておき、その系統間で異系交配をすることによって、均質性と変異性との間の矛盾を解決しようとしている。繁殖に使う家畜は近親交配した系統であるが、実際に乳や肉を生産するのは、その交雑種だ。農家は、純粋のアンガス雄牛と、純粋のヘレフォード雌牛を交配して、生れた子牛を市場に出すのである。畜産で用いられるもう一つ別の方法は、特定品種の形質の大部分を保持しながら、他方で定期的に他品種と交雑し、活力を高くした大きな集団を確保しておくことである。

犬の繁殖業者は、現在、思いつめたように**極端な近親交配を続けている**。しかし、これを避ける気になりさえすれば、できないはずはない。特にラブラドールのように登録頭数の多い犬種であれば、選抜の対象となる集団が大きいわけだから、近親交配を避けるのは容易だ。外見が似ていても、血縁関係のない犬なら多くの遺伝子が違っているはず。親の遺伝子型がたがいに違うホモ接合体なら、その交配で産まれる子犬（F1世代）の遺伝子型はヘテロ接合体が多くなる。F1世代同士の交配で生れるF2世代には、すべての組み合わせの遺伝子型ができる可能性がある。そこで、それまで隠れていた形質が突如として顔を出すことがある（例えば、まったく血縁関係のない中型犬の交配では、最小から最大まで各種の大きさの子犬が産まれる）。

多くの**純粋犬の繁殖**では、このような異系交配が採用されないことが問題だ。同一犬種の犬の数が少なく、実質的には、その犬種のすべての犬が血縁関係にある。犬種を次々と小さな集団に分離して純血種をつくる傾向が、問題をさらに悪化させる。二〇〇〜三〇〇年前には、似たような犬種間で大規模な遺伝子の変換が行われていた。しかし、犬の登録制度が、これにストップをかけた。「純粋性のための純粋性」原則に従い、彼らは犬種登録した犬の子以外は登録から閉め出すことにした。

しかし、これは表向きの話。犬種登録された犬の中には、けっこうな数の交雑種犬がまぎれ込んでいる。ＡＫＣの登録手続は、登録済みの父親と母親を交配して生まれた子だという繁殖者の申請を単純に承認しているにすぎない。したがって、繁殖者がその気になれば、自分の繁殖系統に他の犬種の遺伝子を導入するのは決して難しいことではない。その一方で、犬種の細分化がどんどん進行し、小さな閉鎖的繁殖集団ができている。単独の犬種とされている集団でも、毛色などの表面的な形質の違いを基準にして、実際には完全に内部分裂した小さな繁殖系統ができてしまった例もある。ラフ・コート・コリーとスムース・コート・コリー、ロング・ヘヤー・ダックスフンドとショート・ヘヤー・ダックスフンドとワイヤーヘヤード・ダックスフント、ソリッド・カラード・イングリッシュ・コッカー・スパニエルとブロークン・カラード・イングリッシュ・コッカー・スパニエルなどがそうである。ソリッド・カラード・イングリッシュ・コッカー・スパニエルはさらに、レッド／ゴールデン系統と、ブラック系統に分離している。

多くの犬種で、さらに二つの要因が、現実の繁殖集団の大きさを縮小させ集団内の多様性を低下させている。多くの犬種が、実は過去に遺伝的に「ろ過されて」いる。いくつかの犬種は、過去に何回か消滅しかけた。**犬業界の、めまぐるしい流行と気まぐれの犠牲になって、消滅しかかった犬種があるのだ。**そんな犬種でも、熱心な愛好家がいて、復活させたりもする。そのような場合、わずかな頭数の犬から再出発する。また、ヨーロッパの大型犬種は第二次大戦下の混乱と、流浪、食料不足によって絶滅寸前になったが、戦後に復活した。その結果、現代の大型犬種のほとんどは、戦争を生きのびた数少ないの雄犬の子孫なのである。例えば、ポーチュギーズ・ウオーター・ドッグは、一九四〇年代に復活したのだが、基礎になった犬は三〇頭に過ぎない。この三〇頭のうち五頭だけが、現代のこの犬種の実質的な祖先である。この五頭の犬が、この犬種の遺伝子プールの八〇%を提供した計算になる。

もっと大集団の犬種でも、特定の雄犬が悪影響を及ぼしていることがある。主要なドッグショーで優勝したチャンピオン雄犬は、いたるところから交配希望が殺到する。そんなことがあるたびに、次の世代の遺伝的変異が著しく低下する。このような操作を繰り返すと、閉鎖的な繁殖集団では、多様性がどんどん低下していく。

閉鎖的な遺伝子プールでは、失われた多様性を元に戻す手段は存在しない。繁殖集団の全頭数が減り、遺伝子型の多様性が低下すれば、繁殖家が望むと望まないとにかかわらず、また、そのことを知っているか知らないかにかかわらず、近親交配を重ねる結果となる。それが問題の本質である。

賢さかルックスか?

近親交配の害

積極的に近親交配しているうちに、劣性遺伝子に起因する遺伝病が表面化してくることがある。同じように、隠れていた病気以外にも近親交配によって悪い性質が現れて、閉鎖的な繁殖集団の中に定着してしまうこともある。

イングリッシュ・コッカー・スパニエルに「**凶暴性**」などの問題が出現したのは、まさにこの例なのだ。ある研究によれば、この攻撃行動が出現するのは、ブロークン・カラード・コッカー・スパニエルよりソリッド・カラード・コッカー・スパニエルの方が圧倒的に多い、という。レッド／ゴールデン・スパニエルは、平均するとブラック・スパニエルよりも攻撃的である。行動と被毛の色との関係については、いささかこじつけ気味の生化学的機構が提案されている。しかし、これら毛色の違う変種は、まったく分離した別の系統なので、攻撃性に関する遺伝と毛色の遺伝とが、たまたま重なったというのが確からしい。近親交配は、よい遺伝子でも悪い遺伝子でも、等しく、ホモ接合体を増やすので、閉鎖的集団で近親交配を続ける限り、**悪い劣性遺伝子が確実に次世代に受け継がれていく**。

犬の繁殖業者の大多数は、かなり絞り込んだ体型的基準を一途に求めており、均質性と多様性のバランスは、圧倒的に均質性の方に傾いている。このことに異議を唱えても、多勢に無勢で、とても抵抗できない。ルックスと健康の、あるいはルックスと気性の両方を、同時に追求し選抜できないはずはない。そうすれば、今日まで多くの人が追求してきたやり方に比べて、近親交配と異系交配を、格段にバランスよく利用できるはずだ。

人間は、普通、めだつものに引かれる。そして、犬繁殖業界はその点を利用したドッグショーとの循環的商法を一〇〇年間にわたって展開し、現状を確立した。犬を目立たせるには、ルックスが一番。

犬と犬の違いを際立たせるのも、ルックスだ。人々は、ドッグショーで優勝した犬を、それだけの理由で欲しがる。この仕組みによって、完全な**自己完結的循環商法**が成立する。

つまり、犬種登録協会は、まず適当な標準をつくり、それに基づいてチャンピオン犬とそうでない犬との差をつける（「ありがたいことに、うちのバーニーズ・マウンテン・ドッグは、尾の先にほんの少し白い毛があるの」「あれがなければ、ドッグ・ショーの審査員が劣等犬と判定してしまうところだったわよ」）。

犬種標準をつくった同じ人々が、実は繁殖業者であり、その標準に合った犬を繁殖する。こうして、犬種標準に適合した犬を求める人々に、自分たちが繁殖した犬を売りつけることができる。一九世紀末に犬種標準がつくられたのには、ドッグショーの審査員に強い権限を与えるという露骨な意図があった。それは、犬愛好家を一種の鑑識家集団につくりかえるという見えすいた試みであった。その世界では、ごく細かい採点基準まで熟知している人物が重要な役割を果たす。

もちろん、いかなる鑑定の世界にも、一定のまやかしが存在する。それは、ワインの味の鑑定でも美術品鑑定でも同じこと。しかし、とりわけ犬種標準はひどく恣意的で無原則である。二、三年ごとに変更されること自体、犬種標準が一種のインチキであり、少なくとも非常に自由裁量的であることを正直に示している。ほかのほとんどの分野に比べても、それはひどい。

コリーのような人気犬種の愛好家の間では、特にこの傾向が強い。歴史家のハリエット・リトヴォは「ごく細かい小さな特徴を持った架空の理想モデルを考え、これと現実の犬との差をほじくり返して、採点しようとする」と述べている。例えば、**コリーの長くとがった鼻づら**に対する熱烈な珍重は、一八九〇年代に始まったのであって、それまではこの犬種の特徴ではなかったのだ。

現代遺伝学からみた純粋犬

科学・技術的には、近親交配は目標を達成するための手段であって、それ自体が目的ではない。ところが、**犬種登録を絶対化し、閉鎖的な繁殖集団を確定する**ということは、本質的に、近親交配それ自身を自己目的化してしまう。現代遺伝学の視点では、これはかなり不合理なのだ。

いくつかの犬種登録協会が、純粋犬検査に使える遺伝子標識を探しているが、これはヴィクトリア朝時代の遺伝学説を、現代の分子生物学で補強しようとしているようなものである。

ビズラ犬登録協会も、この種の人々だ。彼らは、飼い主がビズラとポインターとを交雑し、その子を本物のビズラだと偽るのを防止したがっている。しかし、もちろん、**ビズラ犬遺伝子などというものは存在しない**。閉鎖的な集団であるがゆえに、たまたま特定のDNAの断片が、ある犬種に多く存在することはあるかもしれない。だから、ビズラ犬の閉鎖的な繁殖集団で、その犬種によく認められる遺伝子が見つかるかもしれない。しかし、ビズラはその標識的な遺伝子によってでき上がるわけではない。もし誰かが標識になるような遺伝子を発見したとしても、その遺伝子を持っていながらビズラ犬とは似ても似つかぬ犬をつくることも可能なのだ。

このようなビズラとポインター交雑と同じようなことが、セント・バーナードとアイリッシュ・ウオーター・スパニエルの交雑種でもいえる。その子犬たちは、いずれの犬種としても通用するであろう。


さらに重要な遺伝的な問題がある。ルックスに基づいて選抜するのは容易である。なぜなら、ルックスは文字通り、誰の目にもはっきり見えるからだ。また、外形上の特質の中には、対応する遺伝子が知られているものもある。このような場合、望まれるような外形上の特質を持った犬を選んで繁殖することは、その特質を発現させる遺伝子を選抜することになる。それでも、外見だけに基づいて選抜すると、やはり当て推量の要素が強い。

発現している形質を科学用語では**表現型**と呼ぶ。外見に関してさえ、表現型と遺伝子型の対応関係が完璧であるなんてことはない。

良好な行動特性の遺伝的素質を選抜するのは、さらに難しい。どんな行動でも、多くの遺伝子が相互に作用し合い、そのうえ、犬が育つ環境の影響を受けて発現する。行儀のよい犬を選んで繁殖させることはできるが、その子も行儀がよいとは限らない。黒のラブラドールからは必ず黒のラブラドールの子が生れるのとは、話が違う。われわれは、行動を支配している遺伝子については、ほとんど何も知らない。実際のところ、行動と呼ばれているものは、遺伝子によって厳密に規定されるようなものではない。**「協調性」**とか**「しつけやすさ」の遺伝子などは存在しないし、**「群れをつくる」遺伝子も存在しない。

家畜の繁殖業者は、現場の課題として、遺伝子との対応関係が単純でない形質を取り扱う。その場合、**遺伝力**と呼ばれる計数を使う。いかなる形質も、遺伝と環境の両方の作用を受けて発現する。現実の問題として、家畜の繁殖家は、望ましい形質に基づいて家畜を選抜、繁殖し、どれだけ成果が上がるかを知りたいのである（遺伝力は、繁殖した結果に基づいて算定される）。遺伝力が1・0なら、その形質は完全に遺伝によって決定される。逆に、遺伝力が仮にゼロであれば、遺伝子はまったく影響しないことを意味する。一卵性双生児の間でも集団内のほかのどのメンバー間でも、互いの差が全く同程度であれば、遺伝力はゼロである。

この数値の算定は、繁殖実験が完了した後でなされるのであるが、牛、羊、豚、その他の家畜で、成長速度、成熟体重、乳生産量など、計測可能な形質を改良するのに家畜繁殖業界が大いに役立てている。この方法は、合理的で現実的な基準を提供するが、伝統的な犬繁殖業者の間では、ほとんど無視されている。

犬に関しては、遺伝力の研究は少ない。さまざまな野鳥狩猟用犬種で、ポイントをする能力の遺伝力は0・10から0・25であった。においをかぎ出す能力は、0・19から0・35であった。ジャーマン・ショートヘアード・ポインターの、探索、追跡能力の遺伝力は高く、ほぼ0・5であった。ジャーマン・シェパードのいろいろな体型測定値の遺伝力は、0・32から0・81であった。犬の繁殖業者も、遺伝力を計算すれば、選抜する意味のある形質かどうか、あるいは、注意すべき形質か無視してもよい形質かを見分けられる。基本的には、ある形質の遺伝力が低ければ、その繁殖集団の中での変異は小さく、改良の余地が残っていないということ。これは、繁殖業者にとってきわめて貴重な情報である。なぜなら、その繁殖集団を用いるかぎり、その形質を改良したり維持したりするのに、近親交配はもとより、血縁関係のない最高の犬同士を交配しても、何も期待できないことが前もってわかるからである。

健康をとるか？　ルックスにこだわるか？

犬の繁殖業者が、外見のよさと同時に、よい気性、健康を併せ持つ犬を目指してはいけない理由はまったくない。それどころか、彼らはそれを最終目標にすべきである。

犬繁殖業者がある特定の形質だけを追求して近親交配を続けることは、特定の系統にその長所を固定させるうえでは確かに有効な手段である。しかし、その反面、まさにその系統の犬に、知らず知らずのうちに欠点をも固定させていることに気づくべきだ。犬繁殖業者は、現代の家畜育種家が**牛や豚**

の純粋種をつくった経験から学ぶべきである。これらの牛や豚は生産性を計測した結果に基づいて作出されたのであって、**独裁的に決めた外観の標準**を押しつけたのではない。家畜の育種家は、望んだ形質を向上させるための近親交配と、成立した系統に必ず伴う遺伝的欠陥を抑え込むための異系交配を組み合わせて、目的を達している。品種間の交雑も、場合によっては、均質性と多様性のバランスをとるのに必要である。

しかし、ＡＫＣが支配している登録制度ではその見込みはない。

興味深いことに、まだわずかではあるが利益が上がりつつあり成長しつつあるのが、交雑種犬の需要である。二、三年前には、雑種犬の値段はゼロというのが普通であり、とうてい事業としては考えられなかった。コッカー・スパニエルとプードルの交雑種には愛好家が出はじめていて、繁殖業者がつけた値段は、いくつかの純粋犬種と太刀打ちできるまでになっている。これは、確かに健全な歩みであり、何年も前に家畜の育種家が獲得した知恵と同じものである。

犬業界の伝統的な姿勢は、行動の能力、健康を考慮し、雑種強勢も利用しつつ繁殖しようとする努力とは正反対だった。行動の能力や健康には多くの遺伝子が関わっているので、今までのようなやり方では、改善の道は遠く、もどかしい限りである。

複雑にからみ合った要因による問題行動や疾病を除去しようとすると、かなり遠回りな遺伝的操作が必要だ。股関節形成障害のようなはっきりした疾患でさえ、単一遺伝子に起因する欠陥ではない。股関節形成障害のない犬だけを繁殖するというのは、ごく大雑把な方法である。

それは、本棚から睡眠に関する本を選び出すのに、表紙の色だけしか頼りにできないようなもの。最初に多数の本を取りだして表題を見れば、睡眠の本がどれかわかる。睡眠の本は青い表紙より赤い表紙が多いことがわかれば、青い本はやめて赤い本だけを選ぶことが可能になる。しかし、これでは睡眠の本を効率よく選べない。効果的に選ぼうとすれば、表題を読んで選ぶようにルールを変えることだ。この話を股関節形成障害に当てはめると、まず、この疾患の原因になっている形態的な個別の欠陥を見つけ出し、それに関わっている遺伝的要因を探り出すことだ。

股関節形成障害は誤解されている

股関節形成障害は、純粋犬種に発生する、おそらくもっともよく知られた**遺伝的疾患**である。ところが、たくさんの文献があるにもかかわらず、大きな誤解が広がっている。股関節形成障害は、基本的には、股関節の臼と杵の不整合。臼の深さが足りないと、杵はしっかり臼にはまらず、茶碗と受け皿みたいにただ乗っているだけで、すぐはずれてしまう。あるいは、杵と臼の形が合わないか、杵が大きすぎると、関節の骨の表面が互いにこすれ合い次第にすり減って、結局は関節炎になる。セント・バーナード、バーニーズ・マウンテン・ドッグ、ジャーマン・シェパードなどの大型犬種がかかりやすい。最悪の場合は正常に歩けなくなる。

この欠陥の遺伝は、きわめて複雑で、**多数の遺伝子が関与している**。股関節の疾患を持つ親犬の子犬が健全な場合もあるし、逆に、股関節が正常な親から股関節障害の子犬も生まれる。その結果、繁殖業者の一部は、自分たちには何もできないと思い込んでいる。これは、もちろん、そう信じたいからそうしているだけ。ちゃんと歩けない犬を生産し、それを売却するための口実にしているだけなのだ。

二〇年ほど前、股関節形成障害はビタミンCの不足によるかもしれないという、あまり確実とは言えない調査結果が発表され、注目を浴びた。現在でも、大型犬種の繁殖業者は**栄養障害原因説**を唱え、自分たちが売却した子犬の股関節障害は体重増加が速すぎることが原因だと主張している。そうして、子犬の買い手に対しては、3カ月齢になったら子犬用のエサを与えるのを中止し、低タンパク食に切り換えるよう勧めている。

股関節形成障害の犬の体重が増え過ぎると、病状が悪化するのは事実だが、**太り過ぎが股関節形成障害の原因ではない**。この病気は遺伝的要因によって発症する。本当のことを言えば、遺伝に起因する病気を根絶するという目的だけなら、病気の発症を抑えるよりも、むしろその遺伝的要素が最大限表面化するような環境に動物を置く方が、病気を素早く取り除けるのである。現実には、犬が重くなり過ぎないように、エサを制限することは、繁殖業者が売却する系統にひそむ遺伝的欠陥を隠すことにつながる。それでは、かえって事態を悪化させる。

一九六〇年代に、股関節形成障害にかかりやすい犬種では繁殖前に**X線検査**をして、発症数を減らすという計画が始まった。登録するときに、X線検査結果を提出させ、股関節の良否の証明書を発行する。この方式により、一部では確かに改善が見られた。少なくとも、この問題に立ち向かう意志を持った繁殖業者の繁殖犬では、改善があった。股関節形成障害には、多数の遺伝子が関わっているので、その出現は確率的であり、出現するかまったく出現しないかという性格のものではない。動物整形外科協会は、提出されたX線検査の結果に基づき、多くの犬種で疾患件数が減少傾向にあることを公表した。

例えば、バーニーズ・マウンテン・ドッグは、一九八〇年の股関節形成障害発生率が33%だったのが、一九九三年には16%に、良好な股関節は3%から9%にそれぞれ変化した。もちろん、この数字には選抜の偏りがある。まず、何かをやる気になった繁殖業者だけが参加していること。それに、繁殖業者は、外から見ただけでも股関節が悪いとわかる犬の検査は、依頼しなかったに違いない。しかし、良好な状態の股関節の比率が増加したことは、この犬種では本当に改善が進んだことを示すものである。スエーデン陸軍のジャーマン・シェパード繁殖計画は、もっと説得力のあるデータを提供している。この計画では、股関節形成障害の発症率は46％から28％に低下した。しかし、まだ手さぐりの段階で、股関節形成障害の原因となるさまざまな解剖学的要因とその働きをつきとめ、さらにその遺伝が解明されて初めて実質的な改善が期待できる。

これまでの研究によれば、臼を浅くルーズにすることと、臼と杵の不整合とは別々に遺伝することが知られている。グレイハウンドは競走用であるから、股関節障害を排除する方向で厳しい選抜がなされてきた。そのため、この疾患の発症はきわめて少ない。そこで、グレイハウンドをラブラドールと交配した。得られたF1子犬には、ラブラドールの親と同じようなゆるい関節が発生したが、関節炎やほかの症状は出現しなかった。ゆるい関節でも、臼と杵の整合をよくするように良好な骨と軟骨の構造をつくる「保護的な」優性遺伝子を、グレイハウンドから受け継いでいるのは確かである。

これでもまだ、問題解決の遺伝学的研究の第一歩だ。現在のところ、**股関節形成障害を減少させるには**、X線検査の結果が遺伝子と対応していることに望みをつなぎ、健全なX線像の犬を選抜し、繁殖して、結果的によい遺伝子を次世代に伝えようとする努力をするしかない。健全な股関節を形成する遺伝子を特定できれば、それが一番確実な改良手段である。それでも、おそらく、別々の遺伝子集団が、臼と杵の形成を独立に支配している。そうだとすると、関節形成の遺伝は途方もなく複雑になる。その場合は、股関節が健全な犬同士を交配しても、健全な子犬ができるという保証はまったくない。例えば、片親から大きな臼の遺伝子を、もう一方の親から小さな杵の遺伝子を受け取るようなことが起きるかもしれない。

分子遺伝学は、遺伝病を解決する？

現代の分子遺伝学は、遺伝病を退治するために、絶妙な手段を開発しつつある。

ユタ大学の遺伝学者ゴードン・ラークは、一五〇頭のポーチュギーズ・ウオーター・ドッグの血液サンプルとX線写真のデータに基づき、頭蓋骨の大きさのさまざまな計測値と関係のあるDNAプローブ（標識遺伝子）を同定するのに成功した（もともとラークの専門は大豆の遺伝学だった。ところが、彼のポーチュギーズ・ウオーター・ドッグのジョージーが、この犬種特有の遺伝的ながんで死亡した。ある繁殖業者が、彼に新たに子犬を無料で寄贈し、こう言った。「この一千ドルの子犬を差し上げます。もし、気がすまないと感じたら、どうか犬の遺伝の研究をしてください」後に、この業者はラークにうち明けた。その子犬は、本当は最高の犬でもっともっと高いのだった。また、ラークの「ジョージー計画」は、一部は彼の大豆研究の商業的利益によってまかなわれている）。

DNAプローブとは、特定の形質を支配する遺伝子が存在すれば必ず見つかるが、それ自身は何の作用もしないDNAの断片である。一度DNAプローブが同定されると、血液サンプルを検査すれば、その動物が特定の形質の遺伝子を持つかどうか判定できる。

しかしながら、遺伝病の原因となる遺伝子が判明し、それを検出するDNAプローブを開発したとしても、新たな危険が出現する。DNAプローブは、病気遺伝子を保持してはいるが発病していない犬を検出することができる。つまり、病気の遺伝子を持っていても、劣性遺伝子のため病気が表に出ていない犬を特定できる。しかし、遺伝病に対処する方法はすべての遺伝子保有犬を繁殖集団から排除することなのだ。ところが、**一つの遺伝病を排除することは、ほかの遺伝病の頻度を増やすことにつながる**のは確実である。なぜなら、結局繁殖に参加する犬の頭数がどんどん減少し、それにつれて近親交配がますます強くなり、結果としてホモ接合子体が増えるからだ。股関節形成障害の犬を淘汰したら、腰の格好はよいが、がんで死亡する犬が、いたるところで出現するかもしれない。

もっと上手な戦術は、**病因となる遺伝子の潜在保有犬同士の交配を避ける**ことである。しかし、そこで問題なのは、それを良心的に実行していくと、病因となる劣性遺伝子が存在し続けるのに、実際には発病しないということになる。また、繁殖集団内の多様さを確保することは、大事にしてきた犬種標準に必ずしも適合しない体型をつくる遺伝子も存続させることを意味する。

繁殖犬の遺伝子検査は費用がかかるが、病因遺伝子の潜在保有犬同士を知らずに交配して、恐ろしい結果に直面することを考えれば、我慢できるのではないか。

遺伝子検査の助けを借りれば、犬種の明確な外見上の特徴を維持したいという繁殖業者の欲求も、犬種内の遺伝的多様性を保持することも、そして、犬種の基礎になった犬の頭数が少ないことと、長い間の近親交配による深刻な結末を回避することも、同時に可能となるのだ。

絶滅しそうになった動物種を守るために、動物園関係者は、世界的な規模で、可能なあらゆる方法の繁殖計画を立てる。それは、動物種内の**遺伝的多様性を確保する**ためである。繁殖可能な一頭の動物が失われれば、その動物個体の遺伝子がもたらすはずであった遺伝的多様性は永久に消失する。そこで、動物園関係者は、継続的に、繁殖用動物を交換し合っている。人工授精が可能な場合は、凍結精子を交換している。

大多数の犬繁殖業者には、協同して共通の目的を追求する気持ちはない。依然として、チャンピオン犬の子を提供する業者が目先の利益を得るというのが現状だ。**犬種全体に健康と活力および多様性をもたらすような子犬**を生産しても、すぐには利益につながらない。しかし、長い目で見れば、希望がないわけではない。目先の栄光だけを求める繁殖業者は、結局、悪い遺伝子を持つ多くの子犬をつくった人物として、世に知られることになるからである。

遺伝子検査が普及すれば、何も知らされない今日の普通の子犬購買者にも利益になるのは明らかだ。ニューファンドランドのシスティン尿症、プードルとマンチェスター・テリアのヴィレブランド病（遺伝性血友病）、ベドリントン・テリアの銅中毒症などの遺伝子検査は、第一歩であって、ほかの遺伝病の遺伝子を検出する手段が、今後次々と開発されるであろう。多くの犬種協会は、この種の検査法が可能なら使いたいと望んでいる。

近代犬種の数はきわめて多い。そして、一〇〇年前までは、犬の遺伝子は世界中を流れていた。進化の歴史では一〇〇年間は一瞬でしかない。そう考えれば、ここ一〇〇年間で受けた打撃を回復するのに十分な犬遺伝子の多様性がまだ保存されているはずである。総体的に見れば、現代の犬の遺伝的多様性は、祖先の遺伝的多様性と変わっていないはずである。

純粋犬繁殖業者の利益追求の姿勢に強い不信を抱いている人々にとっては、飼われていようといまいと、まだまだ雑種犬がたくさんいるという事実が、なぐさめになるだろう。ネオ優生学信奉者による雑種絶滅運動に抗して、雑種犬は犬の遺伝的多様性の宝庫を確保している。世界には、誰の所有物でもない自由放浪犬が何百万頭と、人間のすぐそばで生きている。**雑種犬は、雑種強勢のおかげで、健康だ。**また優秀な犬が多い。しかも、誇張でなく、彼らこそ、犬の進化の正当な継承者である。真の犬である彼らは、われわれ人間とともに進化し、われわれ人間社会に適応し、人間社会を自分のものにした動物である。彼らは、自分自身を大きく変えて、それをやり遂げた。人間の気まぐれとわがままな仕打ちをかいくぐり、古代の好人物と仲良くする能力に基づいて自然選択されてきた彼らこそ、まさにあるべき姿の犬なのである。

最悪の事態になったとしても、たぶん、彼ら自由放浪犬がわれわれ人間の過ちを正してくれるだろう。それは、彼らの祖先が、少なくともこの一〇万年のうち九万九千年間、立派にやり遂げたことなのだ。

最後に
犬を
犬の欠点を
犬の遺伝子を
犬にたかるノミまでも
犬の何もかもを愛してやまない人々へ

私と同じように、犬のすべてを愛している人々が、犬の科学を学んで得られる新しい視点に立つとき、驚きと安らぎの世界が広がる。

現代社会で犬は、さまざまな奇妙な問題行動をする。犬にまつわるトラブルの大部分は、結局のところ、われわれ人間が、犬に非現実的な多くのこと望みすぎることから来ている。

人間の希望どおりに犬が振る舞わないからといって、落胆するのはフェアではない。

犬の問題行動は、少なくとも論理的には、欠陥遺伝子や近親交配やホルモン濃度の異常などに比べれば、はるかにたやすく改善できる。

必要なことは、あるがままの本当の犬を、偏見なく認めることである。

真の友情とは、せんじ詰めれば、相手を理解し受け入れること。頭の中にでっち上げたフィクションに、現実を合わせようとすることではない。

われわれは、そのままの犬を見て幸せだし、犬もそうしてもらえれば幸せだ。犬には犬として見ている世界があることを認め、犬の社会秩序が人間とは違うことを私たちが知ることは、犬の尊厳を否定することにはならない。

それは、地球上の生命の多様性と不思議さに感動することである。微妙な感性や、難しいことに、犬の知能と理解力が及ばないのは事実だ。

しかし、人間が人間以外のほかの動物種に対して、その動物が人間らしく振る舞ったときにほめてやるのは、そもそも変ではないか、と私はいつも思う。

犬は人間みたいだとほめられても、なぜなのかわからないし、ありがたいとも思わない。本当の犬の役でなく、人間もどきの役柄を無理やり演じさせられるのは、決して犬の望むことではない。実際のところ犬は、人間の役を、人間と対等に完璧にこなそうとも思ってない。

彼らは、犬でありたいのだ。

人間にとって幸いなことに、犬であることとは、リーダーに服従し社会秩序に従って幸せを感ずることであり、人間を満足させる役を喜んで引き受けることなのだ。

犬は犬であり、人は人である。

そして、両者が出会い、互いに違う考えと世界観を持ちつつも、交流し、互いの生活を豊かにし合うということは、なんとすばらしく、高尚な営みではないか。

犬が人間に与えてくれる喜びは、肉体的で、しかも知的でもある。

それは自分とずいぶん違った者の心に触れ、それを感じとる喜びだ。さらには、地球上にこのようにすばらしい生命の流れをつくりあげた、壮大な進化の力に心を奪われ、畏敬の念さえ覚えるだろう。

われわれ人間が、多くの動物種の一つであることを、犬はいつも思い出させてくれる。

そして、われわれが特に考えることもなく、日常的に受け入れている、決まり切った人間社会と世界の約束ごとは、進化が生み出したあらゆるものの中では、実は、偏狭そのもの、独りよがりもいいところだ、と思い知らせてくれる。それが犬なのである。

犬社会を支配する原則、犬がどのように世界を観察し、どのように認識しているか、世界の事物の関係をどう理解しているか、犬の動機と感情などを知ることは、まぎれもなく科学であり、われわれを豊かにしてくれる。

そして、この本の冒頭で述べた通り、そのことが、われわれ人間にも、また犬にとっても役に立つのだ。

愛している者に、自分の分身となることを求めるのは、悲しく痛ましい。それは、浅はかで、結局は実りのない愛にすぎない。

人間と犬には多くの共通点がある。もしそうでなければ、数千年前に、同じ生態系で、一緒にキャンプを張ることは決してなかっただろう。また、同じ気持ちになることも決してなかったであろう。そして、心を引き裂く相互の無理解の壁を、互いに突破することはできなかったに違いない。

しかし、進化は、共通の運命も、互いの相違点も用意してくれた。そして面白いことに、この相違点こそが、結局、人間と犬とのきずなを結ばせたのである。


犬が人間なら、ただの間抜けだ。

犬は、犬だから、すばらしい。そのことを直視しよう。

謝　辞

ジェイ・ネイツとフィル・サマーフェルトは、犬の目に色がどのように見えているか理解できる天才的な写真を製作して下さった。

グレゴリー・アクランド、グスタヴォ・アグイーレ、レイモンド・コピンジャー、ニコラス・ドッドマン、キャサリン・ハウプト、ゴードン・ラーク、エウアン・マックフィル、ノートン・ミルグラム、ユージン・モートン、ジェイ・ネイツ、エレイン・オストランダー、ロバート・ウェインは、筆者の多くの質問に親切に回答して下さった。

国立医学図書館職員のみなさんは、任務をはなれて、筆者が快適かつ有意義に利用できるよう、援助して下さった。

リュー・ロードは、かぶの葉っぱのジョークを思い出させて下さった。

Mellersh, Cathryn S., et al. "A Linkage Map of the Canine Genome." *Genomics* 40 (1997): 326–36.

Ritvo, Harriet. *The Animal Estate: The English and Other Creatures in the Victorian Age*. Cambridge: Harvard University Press, 1987.

Schmutz, S. M., and J. K. Schmutz. "Heritability Estimates of Behaviors Associated with Hunting in Dogs." *Journal of Heredity* 89 (1998): 233–37.

Stur, I. "Genetic Aspects of Temperament and Behaviour in Dogs." *Journal of Small Animal Practice* 28 (1987): 957–64.

Todhunter, R. J., et al. "An Outcrossed Canine Pedigree for Linkage Analysis of Hip Dysplasia." *Journal of Heredity* 90 (1999): 83–92.

Wang, X., et al. "Analysis of Randomly Amplified Polymorphic DNA (RAPD) for Identifying Genetic Markers Associated with Canine Hip Dysplasia." *Journal of Heredity* 90 (1999): 99–103.

Willis, Malcolm B. "Breeding Dogs for Desirable Traits." *Journal of Small Animal Practice* 28 (1987): 965–83.

———. *Genetics of the Dog*. New York: Howell, 1989.

Zajc, Irena, Cathryn S. Mellersh, and Jeff Sampson. "Variability of Canine Microsatellites Within and Between Different Dog Breeds." *Mammalian Genome* 8 (1997): 182–85.

(1997): 73–76.
Reisner, Ilana R., Hollis N. Erb, and Katherine A. Houpt. "Risk Factors for Behavior-Related Euthanasia among Dominant-Aggressive Dogs: 110 Cases (1989–1992)." *Journal of the American Veterinary Medical Association* 205 (1994): 855–63.
Salmeri, Katharine R., et al. "Gonadectomy in Immature Dogs: Effects on Skeletal, Physical, and Behavioral Development." *Journal of the American Veterinary Medical Association* 198 (1991): 1193–1203.
Uchida, Yoshiko, et al. "Characterization and Treatment of 20 Canine Dominance Aggression Cases." *Journal of Veterinary Medical Science* 59 (1997): 397–99.
Van der Velden, N. A., et al. "An Abnormal Behavioural Trait in Bernese Mountain Dogs (Berner sennenhund): A Preliminary Report." *Tijdschrift voor Diergeneeskunde* 101 (1976): 403–7.
Voith, Victoria L., and Peter L. Borchelt. "Diagnosis and Treatment of Dominance Aggression in Dogs." *Veterinary Clinics of North America: Small Animal Practice* 12 (1982): 655–63.
Waelchli, Jessica L., and Donald D. Draper. "Canine Dominance Aggression." *Iowa State University Veterinarian*, spring 1997, 76–82.
Wright, John C. "Canine Aggression Toward People: Bite Scenarios and Prevention." *Veterinary Clinics of North America: Small Animal Practice* 21 (1991): 299–313.

9章

Aguirre, Gustavo D., and Gregory M. Acland. "Variation in Retinal Degeneration Phenotype Inherited at the prcd Locus." *Experimental Eye Research* 46 (1988): 663–87.
Canine Health Foundation. *Mapping the Future of Canine Health: 1997 Annual Report*. Aurora, Ohio: American Kennel Club, 1997.
Cattell, Raymond B., and Bruce Korth. "The Isolation of Temperament Dimension in Dogs." *Behavioral Biology* 9 (1973): 15–30.
Coppinger, Raymond. *Fishing Dogs*. Berkeley, Calif.: Ten Speed Press, 1996.
Francisco, L. V., et al. "A Class of Highly Polymorphic Tetranucleotide Repeats for Canine Genetic Mapping." *Mammalian Genome* 7 (1996): 359–62.
Fuller, John L., and Martin E. Hahn. "Issues in the Genetics of Social Behavior." *Behavior Genetics* 6 (1976): 391–406.
Langston, A. A., et al. "Toward a Framework Linkage Map of the Canine Genome." *Journal of Heredity* 90 (1999): 7–13.
Mellersh, Cathryn S., and Elaine A. Ostrander. "The Canine Genome." *Advances in Veterinary Medicine* 40 (1997): 191–216.

nary Medical Association 210 (1997): 1147–48.
Dodman, Nicholas H., Robin Moon, and Martin Zelin. "Influence of Owner Personality on Expression and Treatment Outcome of Dominance Aggression in Dogs." *Journal of the American Veterinary Medical Association* 209 (1996): 1107–9.
Ebert, Patricia D. "Selection for Aggression in a Natural Population." In *Aggressive Behavior: Genetic and Neural Approaches*, edited by Edward C. Simmel, Martin E. Hahn, and James K. Walters. Hillsdale, N.J.: Lawrence Erlbaum Associates, 1983.
Grognet, Jeff, and Tony Parker. "Further Diagnosis and Treatment of Canine Dominance Aggression." *Canadian Veterinary Journal* 33 (1992): 409–10.
Hart, Benjamin L. "Effects of Neutering and Spaying on the Behavior of Dogs and Cats." *Journal of the American Veterinary Medical Association* 198 (1991): 1204–5.
Hart, Benjamin L., and Lynette A. Hart. "Selecting, Raising, and Caring for Dogs to Avoid Problem Aggression." *Journal of the American Veterinary Medical Association* 210 (1997): 1129–34.
Hattaway, Dan. "Dogs and Insurance." *Journal of the American Veterinary Medical Association* 210 (1997): 1143–44.
Houpt, Katherine A. "Disruption of the Human–Companion Animal Bond: Aggressive Behavior in Dogs." In *New Perspectives on Our Lives with Companion Animals*, edited by A. H. Katcher and A. M. Beck. Philadelphia: University of Pennsylvania Press, 1983.
Hunthausen, Wayne. "Effects of Aggressive Behavior on Canine Welfare." *Journal of the American Veterinary Medical Association* 210 (1997): 1134–36.
Mugford, Roger A. "Canine Behavioural Therapy." In *The Domestic Dog: Its Evolution, Behaviour, and Interactions with People*, edited by James Serpell. Cambridge: Cambridge University Press, 1995.
Neilson, Jacqueline C., Robert A. Eckstein, and Benjamin L. Hart. "Effects of Castration on Problem Behaviors in Male Dogs with Reference to Age and Duration of Behavior." *Journal of the American Veterinary Medical Association* 211 (1997): 180–82.
O'Farrell, Valerie. "Owner Attitudes and Dog Behaviour Problems." *Journal of Small Animal Practice* 28 (1987): 1037–45.
———. "Effects of Owner Personality and Attitudes on Dog Behaviour." In *The Domestic Dog: Its Evolution, Behaviour, and Interactions with People*, edited by James Serpell. Cambridge: Cambridge University Press, 1995.
Overall, Karen L. *Clinical Behavioral Medicine for Small Animals*. St. Louis, Mo.: Mosby, 1997.
Podberscek, Anthony L., and James A. Serpell. "The English Cocker Spaniel: Preliminary Findings on Aggressive Behaviour." *Applied Animal Behaviour Science* 47 (1996): 75–89.
———. "Aggressive Behaviour in English Cocker Spaniels and the Personality of Their Owners." *Veterinary Record* 141

Dodman, Nicholas. *The Dog Who Loved Too Much*. New York: Bantam Books, 1996.

Hart, Benjamin L., and Lynette A. Hart. *Canine and Feline Behavioral Therapy*. Philadelphia: Lea and Febiger, 1985.

Horwitz, Debra. "Canine Social Aggression." *Canine Practice* 21 (1996): 5–8.

Houpt, Katherine A. "Ingestive Behavior Problems of Dogs and Cats." *Veterinary Clinics of North America: Small Animal Practice* 12 (1982): 683–92.

———. "Sexual Behavior Problems in Dogs and Cats." *Veterinary Clinics of North America: Small Animal Practice* 27 (1997): 601–15.

———. *Domestic Animal Behavior for Veterinarians and Animal Scientists*. 3d ed. Ames: Iowa State University Press, 1998.

Houpt, Katherine A., and Harold F. Hintz. "Obesity in Dogs." *Canine Practice* 5 (1978): 54–58.

Houpt, Katherine A., Sue Utter Honig, and Ilana R. Reisner. "Breaking the Human–Companion Animal Bond." *Journal of the American Veterinary Medical Association* 208 (1996): 1653–59.

Juarbe-Díaz, Soraya V. "Social Dynamics and Behavior Problems in Multiple-Dog Households." *Veterinary Clinics of North America: Small Animal Practice* 27 (1997): 497–514.

———. "Assessment and Treatment of Excessive Barking in the Domestic Dog." *Veterinary Clinics of North America: Small Animal Practice* 27 (1997): 515–32.

Sherman, Cynthia Kagarise, et al. "Characteristics, Treatment, and Outcome of 99 Cases of Aggression Between Dogs." *Applied Animal Behaviour Science* 47 (1996): 91–108.

Voith, Victoria L. "Play: A Form of Hyperactivity and Aggression." *Modern Veterinary Practice*, July 1980, 631–32.

8章

Beach, Frank A., Michael G. Buehler, and Ian F. Dunbar. "Competitive Behavior in Male, Female, and Pseudohermaphroditic Female Dogs." *Journal of Comparative and Physiological Psychology* 96 (1982): 855–74.

Blackshaw, Judith K. "An Overview of Types of Aggressive Behaviour in Dogs and Methods of Treatment." *Applied Animal Behaviour Science* 30 (1991): 351–61.

Campbell, William E. "Which Dog Breeds Develop What Behavior Problems?" *Modern Veterinary Practice*, March 1974, 229–32.

Centers for Disease Control and Prevention. "Dog Bite Related Fatalities." *Morbidity and Mortality Weekly Report* 46 (1997): 463–66.

Cornwell, J. Michael. "Dog Bite Prevention: Responsible Pet Ownership and Animal Safety." *Journal of the American Veteri-*

Animals, edited by Temple Grandin. San Diego, Calif.: Academic Press, 1998.
Hart, Benjamin L., and Lynetta A. Hart. *Canine and Feline Behavioral Therapy*. Philadelphia: Lea and Febiger, 1985.
———. *The Perfect Puppy*. New York: Freeman, 1988.
Head, E., et al. "Spatial Learning and Memory as a Function of Age in the Dog." *Behavioral Neuroscience* 109 (1995): 851–58.
———. "Visual-Discrimination Learning Ability and ß-amyloid Accumulation in the Dog." *Neurobiology of Aging* 19 (1998): 415–25.
McNaughton, Bruce. "Cognitive Cartography." *Nature* 381 (1996): 368–69.
Macphail, Euan. *The Evolution of Consciousness*. Oxford: Oxford University Press, 1998.
Milgram, Norton W., et al. "Cognitive Functions and Aging in the Dog: Acquisition of Nonspatial Visual Tasks." *Behavioral Neuroscience* 108 (1994): 57–68.
———. "Landmark Discrimination Learning in the Dog." *Learning and Memory* 6 (1999): 54–61.
Mills, Daniel S. "Using Learning Theory in Animal Behavior Therapy Practice." *Veterinary Clinics of North America: Small Animal Practice* 27 (1997): 617–35.
Russell, Michael J., et al. "Age-Specific Onset of ß-amyloid in Beagle Brains." *Neurobiology of Aging* 17 (1996): 269–73.
Scott, J. P., Jane H. Shepard, and Jack Werboff. "Inhibitory Training of Dogs: Effect of Age at Training in Basenjis and Shetland Sheepdogs." *Journal of Psychology* 66 (1967): 237–52.
Vauclair, Jacques. *Animal Cognition*. Cambridge: Harvard University Press, 1996.
Vollmer, Peter J. "Do Mischievous Dogs Reveal Their 'Guilt'?" *Veterinary Medicine/Small Animal Clinician*, June 1977, 1002–5.
Weiskrantz, L. "Categorization, Cleverness and Consciousness." *Philosophical Transactions of the Royal Society, London* 308B (1985): 3–19.
Wiseman, Richard, Matthew Smith, and Julie Milton. "Can Animals Detect When Their Owners Are Returning Home? An Experimental Test of the 'Psychic Pet' Phenomenon." *British Journal of Psychology* 89 (1998): 453–62.

7章

Beerda, Bonne, et al. "Chronic Stress in Dogs Subjected to Social and Spatial Restriction, I: Behavioral Responses." *Physiology and Behavior* 66 (1999): 233–42.
Campbell, William E. "The Effects of Social Environment on Canine Behavior." *Modern Veterinary Practice*, February 1986, 113–15.

58 (1997): 414–18.
Murphy, Christopher J., Karla Zadnik, and Mark J. Mannis. "Myopia and Refractive Error in Dogs." *Investigative Ophthalmology and Visual Science* 33 (1992): 2459–63.
Myers, Lawrence J., and Ross Pugh. "Thresholds of the Dog for Detection of Inhaled Eugenol and Benzaldehyde Determined by Electroencephalographic and Behavioral Olfactometry." *American Journal of Veterinary Research* 46 (1985): 2409–11.
Neitz, Jay, Timothy Geist, and Gerald H. Jacobs. "Color Vision in the Dog." *Visual Neuroscience* 3 (1989): 119–25.
Passe, D. H., and J. C. Walker. "Odor Psychophysics in Vertebrates." *Neuroscience and Biobehavioral Reviews* 9 (1985): 431–67.
Sato, Masanori, et al. "Olfactory Evoked Potentials: Experimental and Clinical Studies." *Journal of Neurosurgery* 85 (1996): 1122–26.
Schoon, G. A. A., and J. C. De Bruin. "The Ability of Dogs to Recognize and Cross-Match Human Odors." *Forensic Science International* 69 (1994): 111–18.
Steen, B., et al. "Olfaction in Bird Dogs During Hunting." *Acta Physiologica Scandinavica* 157 (1996): 115–19.
These, Aud, Johan B. Steen, and Kjell B. Døving. "Behaviour of Dogs During Olfactory Tracking." *Journal of Experimental Biology* 180 (1993): 247–51.
Tonosaki, Keiichi, and Don Tucker. "Responsiveness of the Olfactory Receptor Cells in Dog to Some Odors." *Comparative Biochemistry and Physiology* 81A (1985): 7–13.

6章

Budiansky, Stephen. *If a Lion Could Talk*. New York: Free Press, 1998.
Chapuis, Nicole. "Detour and Shortcut Abilities in Several Species of Mammals." In *Cognitive Processes and Spatial Orientation in Animal and Man*, edited by Paul Ellen and Catherine Thinus-Blanc. Dordrecht: Martinus Nijhoff, 1987.
Chapuis, Nicole, and Christian Varlet. "Short Cuts by Dogs in Natural Surroundings." *Quarterly Journal of Experimental Psychology* 39B (1987): 49–64.
Coren, Stanley. *The Intelligence of Dogs: Canine Consciousness and Capabilities*. New York: Free Press, 1994.
Cummings, Brian J., et al. "The Canine as an Animal Model of Human Aging and Dementia." *Neurobiology of Aging* 17 (1996): 259–68.
Davenport, J. A., and L. D. Davenport. "Time-Dependent Decisions in Dogs (*Canis familiaris*)." *Journal of Comparative Psychology* 107 (1993): 169–73.
Grandin, Temple, and Mark J. Deesing. "Behavioral Genetics and Animal Science." In *Genetics and the Behavior of Domestic*

Krebs, J. R., and R. Dawkins. "Animal Signals: Mind Reading and Manipulation." In *Behavioural Ecology: An Evolutionary Approach*, edited by J. R. Krebs and N. B. Davies. Sunderland, Mass.: Sinauer Associates, 1984.

Morton, Eugene S., and Jake Page. *Animal Talk*. New York: Random House, 1992.

Owings, Donald H., and Eugene S. Morton. *Animal Vocal Communication: A New Approach*. Cambridge: Cambridge University Press, 1998.

Riede, Tobias, and Tecumseh Fitch. "Vocal Tract Length and Acoustics of Vocalization in the Domestic Dog *(Canis familiaris)*." *Journal of Experimental Biology* 202 (1999): 2859–67.

Scott, J. P. "Genetic Variation and the Evolution of Communication." In *Communicative Behavior and Evolution*, edited by Martin E. Hahn and Edward C. Simmel. New York: Academic Press, 1976.

Shalter, M. D., J. C. Fentress, and G. W. Young. "Determinants of Response of Wolf Pups to Auditory Signals." *Behaviour* 60 (1977): 98–114.

Simpson, Barbara Sherman. "Canine Communication." *Veterinary Clinics of North America: Small Animal Practice* 27 (1997): 445–64.

Zimen, Erik. *The Wolf: A Species in Danger*. Translated from the German. New York: Delacorte Press, 1981.

5章

Ashmead, Daniel H., Rachel K. Clifton, and Ellen P. Reese. "Development of Auditory Localization in Dogs: Single Source and Precedence Effect Sounds." *Developmental Psychobiology* 19 (1986): 91–103.

Davis, Richard G. "Olfactory Psychophysical Parameters in Man, Rat, Dog, and Pigeon." *Journal of Comparative and Physiological Psychology* 85 (1973): 221–32.

Engen, T., ed. "The Biology of Olfaction." *Experientia* 42 (1986): 211–328.

Heffner, Rickye S., and Henry E. Heffner. "Hearing in Large Mammals." *Journal of Comparative Psychology* 106 (1992): 107–113.

Hepper, Peter G. "The Discrimination of Human Odor by the Dog." *Perception* 17 (1988): 549–54.

Kalmykova, I. V. "Localization of Dichotically Presented Sounds in Dogs." *Neuroscience and Behavioral Physiology* 11 (1981): 268–72.

Miller, Paul E., and Christopher J. Murphy. "Vision in Dogs." *Journal of the American Veterinary Medical Association* 207 (1995): 1623–34.

Murphy, Christopher J., et al. "Effect of Optical Defocus on Visual Acuity in Dogs." *American Journal of Veterinary Research*

Peters, Roger P., and L. David Mech. "Scent-Marking in Wolves." *American Scientist* 63 (1975): 628–37.

Phillips, D. P., et al. "Food-Caching in Timber Wolves, and the Question of Rules of Action Syntax." *Behavioural Brain Research* 38 (1990): 1–6.

Scott, John Paul, and John L. Fuller. *Genetics and the Social Behavior of the Dog*. Chicago: University of Chicago Press, 1965.

Serpell, James, and J. A. Jagoe. "Early Experience and the Development of Behaviour." In *The Domestic Dog: Its Evolution, Behaviour, and Interactions with People*, edited by James Serpell. Cambridge: Cambridge University Press, 1995.

Shafik, Ahmed. "Olfactory Micturition Reflex." *Biological Signals* 3 (1994): 307–11.

Vollmer, Peter J. "Do Mischievous Dogs Reveal Their 'Guilt'?" *Veterinary Medicine/Small Animal Clinician*, June 1977, 1002–5.

———. "Canine Socialization—Part 1." *Veterinary Medicine/Small Animal Clinician*, February 1980, 207–10.

———. "Canine Socialization—Part 2." *Veterinary Medicine/Small Animal Clinician*, March 1980, 411–12.

Wilson, Erik. "The Social Interaction Between Mother and Offspring During Weaning in German Shepherd Dogs: Individual Differences between Mothers and Their Effects on Offspring." *Applied Animal Behaviour Science* 13 (1984): 101–12.

Wright, John C. "The Development of Social Structure During the Primary Socialization Period in German Shepherds." *Developmental Psychobiology* 13 (1980): 17–24.

Zimen, Erik. *The Wolf: A Species in Danger*. Translated from the German. New York: Delacorte Press, 1981.

4章

Baru, A. V. "Discrimination of Synthesized Vowels [a] and [i] with Varying Parameters (Fundamental Frequency, Intensity, Duration and Number of Formants) in Dog." In *Auditory Analysis and Perception of Speech*, edited by G. Fant and M. A. A. Tatham. London: Academic Press, 1975.

Coppinger, Raymond, and Mark Feinstein. "'Hark! Hark! The Dogs Do Bark . . . and Bark and Bark." *Smithsonian*, January 1991, 119–29.

Doty, Richard, and Ian Dunbar. "Attraction of Beagles to Conspecific Urine, Vaginal and Anal Sac Secretion Odors." *Physiology and Behavior* 12 (1974): 825–33.

Goldman, J. A., D. P. Phillips, and J. C. Fentress. "An Acoustic Basis for Maternal Recognition in Timber Wolves (*Canis lupus*)?" *Journal of the Acoustical Society of America* 97 (1995): 1970–73.

Goodwin, M., K. M. Gooding, and F. Regnier. "Sex Pheromone in the Dog." *Science* 203 (1979): 559–61.

Wright, John C. "Canine Aggression toward People: Bite Scenarios and Prevention." *Veterinary Clinics of North America: Small Animal Practice* 21 (1991): 299–313.

Young, Margaret Sery. "The Evolution of Domestic Pets and Companion Animals." *Veterinary Clinics of North America: Small Animal Practice* 15 (1985): 297–309.

Zimen, Erik. *The Wolf: A Species in Danger*. Translated from the German. New York: Delacorte Press, 1981.

3章

Asa, Cheryl S., et al. "The Influence of Social and Endocrine Factors on Urine-Marking by Captive Wolves *(Canis lupus)*." *Hormones and Behavior* 24 (1990): 497–509.

Askew, Henry R. "Understanding Dog Behavior." Chap. 7 in *Treatment of Behavior Problems in Dogs and Cats*. Oxford: Blackwell Science, 1996.

Beach, Frank A. "Coital Behavior in Dogs III: Effects of Early Isolation on Mating in Males." *Behavior* 30 (1968): 218–38.

Beach, Frank A., Michael G. Buehler, and Ian F. Dunbar. "Competitive Behavior in Male, Female, and Pseudohermaphroditic Female Dogs." *Journal of Comparative and Physiological Psychology* 96 (1982): 855–74.

Bradshaw, John W. S., and Stephen M. Wickens. "Social Behaviour of the Domestic Dog." *Tijdschrift voor Diergeneeskunde* 117, suppl. 1 (1992): 50S–51S.

Breazile, James E. "Neurologic and Behavioral Development in the Puppy." *Veterinary Clinics of North America* 8 (1978): 31–45.

Doty, Richard L., and Ian Dunbar. "Attraction of Beagles to Conspecific Urine, Vaginal and Anal Sac Secretion Odors." *Physiology and Behavior* 12 (1974): 825–33.

Freedman, D. G., J. A. King, and O. Elliot. "Critical Period in the Social Development of Dogs." *Science* 133 (1961): 1016–17.

Godec, C. J., and A. S. Cass. "Psychosocial Aspects of Micturition." *Urology* 17 (1981): 332–34.

Hart, Benjamin L. *The Behavior of Domestic Animals*. New York: Freeman, 1985.

Houpt, Katherine A. "Companion Animal Behavior: A Review of Dog and Cat Behavior in the Field, the Laboratory and the Clinic." *Cornell Veterinarian* 75 (1985): 248–61.

———. *Domestic Animal Behavior for Veterinarians and Animal Scientists*. 3d ed. Ames: Iowa State University Press, 1998.

Lund, J. D., and K. S. Vestergaard. "Development of Social Behavior in Four Litters of Dogs *(Canis familiaris)*." *Acta Veterinaria Scandinavica* 39 (1998): 183–93.

Mech, L. David. *The Wolf: The Ecology and Behavior of an Endangered Species*. 1970. Reprint. Minneapolis: University of Minnesota Press, 1981.

Early History." In *The Domestic Dog: Its Evolution, Behaviour, and Interactions with People*, edited by James Serpell. Cambridge: Cambridge University Press, 1995.

Coppinger, Raymond, and Lorna Coppinger. "Differences in the Behavior of Dog Breeds." In *Genetics and the Behavior of Domestic Animals*, edited by Temple Grandin, San Diego, Calif.: Academic Press, 1998.

Coppinger, R., and R. Schneider. "The Evolution of Working Dog Behavior." In *The Domestic Dog: Its Evolution, Behaviour, and Interactions with People*, edited by James Serpell. Cambridge: Cambridge University Press, 1995.

Macdonald, D. W., and G. M. Carr. "Variation in Dog Society." In *The Domestic Dog: Its Evolution, Behaviour, and Interactions with People*, edited by James Serpell. Cambridge: Cambridge University Press, 1995.

Morey, Darcy F. "The Early Evolution of the Domestic Dog." *American Scientist* 82 (1994): 336–47.

Ostrander, Elaine A., and Edward Giniger. "Semper Fidelis: What Man's Best Friend Can Teach Us about Human Biology and Disease." *American Journal of Human Genetics* 61 (1997): 475–80.

Polsky, Richard H. "Wolf Hybrids: Are They Suitable as Pets?" *Veterinary Medicine*, December 1995, 1122–24.

Rindos, David. *The Origins of Agriculture*. Orlando, Fla.: Academic Press, 1984.

Ritvo, Harriet. *The Animal Estate: The English and Other Creatures in the Victorian Age*. Cambridge: Harvard University Press, 1987.

Tsuda, Kaoru, et al. "Extensive Interbreeding Occurred among Multiple Matriarchal Ancestors during the Domestication of Dogs." *Genes and Genetic Systems* 72 (1997): 229–38.

Vilà, C., J. E. Maldonado, and R. K. Wayne. "Phylogenetic Relationships, Evolution, and Genetic Diversity of the Domestic Dog." *Journal of Heredity* 90 (1999): 71–77.

Vilà, Carles, et al. "Multiple and Ancient Origins of the Domestic Dog." *Science* 276 (1997): 1687–89.

Wayne, Robert K. "Limb Morphology of Domestic and Wild Canids: The Influence of Development on Morphological Change." *Journal of Morphology* 187 (1986): 301–19.

———. "Developmental Constraints on Limb Growth in Domestic and Some Wild Canids." *Journal of Zoology* 210A (1986): 381–99.

———. "Cranial Morphology of Domestic and Wild Canids: The Influence of Development on Morphological Change." *Evolution* 40 (1986): 243–61.

———. "Molecular Evolution of the Dog Family." *Trends in Genetics* 9 (1993): 218–24.

Wayne, Robert K., and Elaine A. Ostrander. "Origin, Genetic Diversity, and Genomic Structure of the Domestic Dog." *BioEssays* 21 (1999): 247–57.

SOURCES

1章

Beck, Alan M. *The Ecology of Stray Dogs: A Study of Free-Ranging Urban Animals*. Baltimore, Md.: York Press, 1973.

———. "The Public Health Implications of Urban Dogs." *American Journal of Public Health* 65 (1975): 1315–18.

Brown, Donna. "Cultural Attitudes Towards Pets." *Veterinary Clinics of North America: Small Animal Practice* 15 (1985): 311–17.

Budiansky, Stephen. *The Covenant of the Wild: Why Animals Chose Domestication*. New York: Morrow, 1992; New Haven: Yale University Press, 1999.

Hart, Benjamin L., and Lynette A. Hart. *Canine and Feline Behavioral Therapy*. Philadelphia: Lea & Febiger, 1985.

Houpt, Katherine A., Sue Utter Honig, and Ilana R. Reisner. "Breaking the Human–Companion Animal Bond." *Journal of the American Veterinary Medical Association* 208 (1996): 1653–59.

Juarbe-Díaz, Soraya V. "Assessment and Treatment of Excessive Barking in the Domestic Dog." *Veterinary Clinics of North America: Small Animal Practice* 27 (1997): 515–32.

Overall, Karen L. *Clinical Behavioral Medicine for Small Animals*. St. Louis, Mo.: Mosby, 1997.

2章

Arons, Cynthia D., and William J. Shoemaker. "The Distribution of Catecholamines and ß-endorphin in the Brains of Three Behaviorally Distinct Breeds of Dogs and Their F_1 Hybrids." *Brain Research* 594 (1992): 31–39.

Brisbin, I. Lehr, and Thomas S. Risch. "Primitive Dogs, Their Ecology and Behavior: Unique Opportunities to Study the Early Development of the Human-Canine Bond." *Journal of the American Veterinary Medical Association* 210 (1997): 1122–26.

Clutton-Brock, Juliet. "Origins of the Dog: Domestication and

著者略歴

スティーブン・ブディアンスキー

Stephen Budiansky

1978年イエール大学で化学学士を取得。

1979年ハーバード大学で応用数学修士を取得。

科学雑誌ネイチャー編集部を経て、USニューズ・アンド・ワールド・レポート誌の副編集長となる。本書のほかに、猫、馬、野生動物、暗号解読など多様な分野で個性的な書物を執筆。米国バージニア州リースバグ在住。科学者、作家、ジャーナリスト。そして、犬好き。

訳者略歴

渡植《とのうえ》　貞一郎《ていいちろう》

1931年生まれ。

1953年北海道大学農学部卒業。

群馬大学内分泌研究所、名古屋大学農学部、東京女子医科大学を経て、麻布大学獣医学部生理学講座教授。専攻は内分泌学、神経生理学。医学博士、農学博士。現在、麻布大学名誉教授。

著書『ホルモン・情報・生命』共著(講談社サイエンティフィク)ほか。

訳書『進化から見たヒトの行動』ティモシー・ゴールドスミス著
(講談社ブルーバックス)

犬の科学
ほんとうの性格・行動・歴史を知る

2004年 2月15日　初版発行
2022年 4月20日　10刷発行

著者　スティーブン・ブディアンスキー
訳者　渡植貞一郎
発行者　土井二郎
発行所　築地書館株式会社
〒104-0045　東京都中央区築地7-4-4-201
☎03-3542-3731　FAX03-3541-5799
http://www.tsukiji-shokan.co.jp/
振替00110-5-19057
印刷・製本　シナノ印刷株式会社
ブックデザイン　PAPER INK. DESIGN CYCLE
装画　菅野一成
©2004 Printed in Japan　ISBN 978-4-8067-1281-7 C0045

THE TRUTH ABOUT DOGS

by Stephen Budiansky

くわしい内容はホームページで。URL=http://www.tsukiji-shokan.co.jp/

猫の歴史と奇話

平岩米吉［著］
二二〇〇円＋税
古今東西の科学と文献を網羅。エジプトの猫崇拝から猫股伝説まで、また猫の大きさ、長命、多産、帰家記録、浮世絵の猫、猫の災難など、猫に関する実話・奇話四〇〇余を収めた、猫の宝典。

ネコ・かわいい殺し屋

生態系への影響を科学する

ピーター・P・マラ＋クリス・サンテラ［著］
岡 奈理子＋山田文雄＋塩野﨑和美＋石井信夫［訳］
二四〇〇円＋税
野放しネコと環境との関わりを科学的に検証するとともに、各国で行われている対応策とその効果を紹介する。

ネコ学入門

猫言語・幼猫体験・尿スプレー

クレア・ベサント［著］ 三木直子［訳］
二〇〇〇円＋税
人や犬と違い、群れない動物である猫は、多様なコミュニケーション手段をもっている。猫は人に飼われても野性を失わない生きものだ。猫の心理と行動の背後にある原理をていねいに解説。

外来種のウソ・ホントを科学する

ケン・トムソン［著］ 屋代通子［訳］
二四〇〇円＋税
何が在来種で何が外来種か。英国の生物学者が、世界で脅威とされている外来種を例にとり、在来種と外来種にまつわる問題を、文献やデータをもとに様々な角度から検証する。